高等学校"十二五"规划教材

给排水科学与工程专业应用与实践丛书

给水排水管网

杨开明　周书葵 ■ 主编

刘　强 ■ 副主编

U0387781

化学工业出版社

·北京·

丛书编委会名单

主　　任：蒋展鹏

副　主　任：彭永臻　章北平

编委会成员（按姓氏汉语拼音排列）：

崔玉川　蓝　梅　李　军　刘俊良　唐朝春　王　宏

王亚军　徐得潜　杨开明　张林军　张　伟　赵　远

内容提要

　　本书全面介绍了给水排水管网的基本知识和基本理论，并对给水排水管网的设计计算进行了详尽的叙述与介绍。全书共分 8 章，内容包括给水排水管网规划与布置，给水排水管网水力学基础，给水管网设计计算，污水管网设计计算，雨水管渠设计计算，给水排水管道材料、附件与附属构筑物，给水排水管网管理与维护等。

　　本书整合了给水管网和排水管网两大系统的知识体系，融入了给水排水管网工程的新规范和新标准的要求，增添了给水排水管网工程的新技术、新材料、新设备和新经验，适合作为高等院校给水排水工程、环境工程、环境科学、水利等相关专业的教学用书。

图书在版编目(CIP)数据

给水排水管网/杨开明，周书葵主编 .—北京：化学
工业出版社，2013.3（2023.7 重印）
高等学校"十二五"规划教材
（给排水科学与工程专业应用与实践丛书）
ISBN 978-7-122-16505-3

Ⅰ.①给…　Ⅱ.①杨…　②周…　Ⅲ.①给水管道-管网
②排水管道-管网　Ⅳ.①TU991.33②TU992.23

中国版本图书馆 CIP 数据核字（2013）第 027748 号

责任编辑：徐　娟　　　　　　　　　　装帧设计：关　飞
责任校对：王素芹

出版发行：化学工业出版社（北京市东城区青年湖南街 13 号　邮政编码 100011）
印　　装：天津盛通数码科技有限公司
787mm×1092mm　1/16　印张 10¼　字数 268 千字　2023 年 7 月北京第 1 版第 8 次印刷

购书咨询：010-64518888　　　　　售后服务：010-64518899
网　　址：http://www.cip.com.cn
凡购买本书，如有缺损质量问题，本社销售中心负责调换。

定　　价：29.80 元

丛书序

在国家现代化建设的进程中，生态文明建设与经济建设、政治建设、文化建设和社会建设相并列，形成五位一体的全面建设发展道路。建设生态文明是关系人民福祉，关乎民族未来的长远大计。而在生态文明建设的诸多专业任务中，给排水工程是一个不可缺少的重要组成部分。培养给排水工程专业的各类优秀人才也就成为当前一项刻不容缓的重要任务。

21世纪我国的工程教育改革趋势是"回归工程"，工程教育将更加重视工程思维训练，强调工程实践能力。针对工科院校给排水工程专业的特点和发展趋势，为了培养和提高学生综合运用各门课程基本理论、基本知识来分析解决实际工程问题的能力，总结近年来给排水工程发展的实践经验，我非常高兴化学工业出版社能组织编写全国几十所高校的一线教师编写这套丛书。

本套丛书突出"回归工程"的指导思想，为适应培养高等技术应用型人才的需要，立足教学和工程实际，在讲解基本理论、基础知识的前提下，重点介绍近年来出现的新工艺、新技术与新方法。丛书中编入了更多的工程实际案例或例题、习题，内容更简明易懂，实用性更强，使学生能更好地应对未来的工作。

本套丛书于"十二五"期间出版，对各高校给排水科学与工程专业和市政工程专业、环境工程专业的师生而言，会是非常实用的系列教学用书。

蒋展鹏

2013 年 2 月

前　言

给水排水管网工程在给水排水工程中占有相当重要的作用，它是输送和承接用户用水和排水的唯一通道，可以称其为给水排水工程的命脉，其中任何部分发生故障都会影响给水排水系统的功能发挥，影响人们的正常生产和生活。同时给水排水管网工程也是给水排水工程中工程量最大、投资最多的组成部分，一般约占给水排水工程总投资的 50%～80%，该系统设计质量的优劣将直接影响到给水排水系统的总体投资和正常运作。因此，科学合理地进行给水排水管网工程的规划、设计、施工和运行管理，是保障给水排水系统安全高效运作、充分发挥其功能、满足人们生产生活所需的必要条件。

本书是依据高等学校给水排水专业教学指导委员会对给水排水工程专业的课程设置要求和该课程教学基本要求进行编写的。本书整合了给水管网和排水管网两大系统的知识体系，融入了给水排水管网工程的新规范和新标准的要求，增添了给水排水管网工程的新技术、新材料、新设备和新经验。

本书主要包括给水排水管网概论、给水排水管网规划与布置、给水排水管网水力学基础、给水管网设计、污水管网设计、雨水管渠设计、给水排水管道材料、附件与附属构筑物、给水排水管网管理与维护等内容，在重要章节后面配备了相应的习题。在内容编排上，结合了课程教学大纲的要求，以培养应用型人才为目标，力求用语准确简练，内容充实，注重实用；重点突出了给水排水管网工程的设计计算等实用技术，如采用管网平差软件而不是复杂不实用的手算法进行给水管网平差，采用图表法而不是公式法计算排水管网等，弱化了一些烦琐的理论推导，有助于读者理解、掌握和应用给水排水管网工程的理论和技术。因此，本书不仅可作为给水排水工程、环境工程及相关专业的教学用书，也可作为给水排水工程研究生及相关技术人员的参考用书。

本书由西华大学杨开明、南华大学周书葵任主编，刘强任副主编。其中第 1 章由周书葵编写，第 2 章由宁海燕编写，第 3 章由张伟编写，第 4 章由杨开明编写，第 5 章由陈垚编写，第 6 章由刘强编写，第 7 章由于景洋编写，第 8 章由肖化政编写。全书由杨开明进行统稿。

在本书的编写过程中，参考了很多经典的教材和文献资料，在此对参考文献的作者们表示诚挚的感谢。

由于编者水平所限，书中疏漏和不足之处在所难免，恳请广大读者批评指正。

编者
2013 年 2 月

目　　录

第1章

给水排水管网概论

1.1 给水排水管网的功能与组成

1.1.1 给水排水管网的功能

给水排水系统可分为给水和排水两个组成部分，亦分别被称为给水系统和排水系统。

给水按照用途通常分为生活给水、生产给水和消防给水三大类。生活给水是人们在各类生活活动中直接使用的水，主要包括居民生活用水和公共建筑用水。居民生活用水是指居民家庭生活中饮用、烹饪、洗浴、洗涤等用水。公共建筑用水是指机关、学校、医院、宾馆、车站、公共浴场等公共建筑和场所的用水供应。工业企业生活用水是工业企业区域内从事生产和管理工作的人员在工作时间内的饮用、烹饪、洗浴、洗涤等生活用水。工业生产用水是指工业生产过程中为满足生产工艺和产品质量要求的用水，又可以分为产品用水（水成为产品或产品的一部分）、工艺用水（水作为溶剂、载体等）和辅助用水（冷却、清洗等）等。消防给水是指城镇或工业企业区域内的道路清洗、绿化浇灌、公共清洁卫生和消防的用水。

排水按照来源可分为生活污水、工业废水和降水三种类型。生活污水主要是指居民生活用水所造成的污水和工业企业内中所产生的生活污水。工业废水按照污染程度的不同，又可分为生产废水和生产污水。生产废水是指在使用过程中受到轻度污染或水温变化，经过简单处理后，重复使用或直接排放水体；生产污水是指在使用过程中受到较严重污染的水。降水指雨水和冰雪溶化水。

给水排水管网是为人们的生活、生产和消防提供用水和排除废水的设施总称。它是现代化城市最重要的基础设施之一，也是衡量城市社会和经济发展现代化水平的一个重要标志。给水排水管网的功能如下。

（1）水量输送。即向人们指定的用水地点及时可靠地提供满足用户需求的用水量；将用户排出的废水（包括生活污水和生产废水）和雨水及时可靠地收集并输送到指定地点。

（2）水量调节。指通过一些贮水设备解决供水、用水与排水的水量不均衡问题。

（3）水压保障。给水排水管网可以为用户的用水提供符合标准的用水压力，同时使排水系统具有足够的高程和压力，使之能够顺利排入受纳体。在地形高差较大的地方，应充分利用地形高差所形成的重力提供供水的压力和排水的输送能量；在地形平坦的地区，给水压力一般采用水泵加压，必要时还需要通过阀门或减压设施降低水压，以保证用水设施安全和用水舒适。排水一般采用重力输送，必要时用水泵提升高程，或者通过跌水消能设施降低高程，以保证排水系统的通畅和稳定。

1.1.2 给水管网系统的组成

城市给水管网是由大大小小的给水管道组成的，遍布于整个城市的地下。根据给水管网在整个给水系统中的作用，可将它分为输水管（渠）、配水管网、水压调节设施（增压设备、减压设备）及水量调节设施（清水池、贮水池）四部分。典型的给水管网系统组成如图1-1所示。

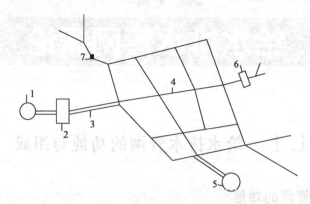

图1-1　典型的给水管网系统组成
1—清水池；2—供水泵站；3—输水管；4—配水管网；5—水塔（高位水池）；
6—加压泵站；7—减压设备

（1）输水管（渠）。指从水源到水厂及从水厂到配水管网的管线或渠道。

输水管的流量一般都较大，输送距离远，工程量巨大，施工条件差，安全可靠性要求高。因此较长距离输水管一般敷设成两条并行管线，并在中间的一些适当地点分段连通和安装切换的阀门，当其中一条管道局部发生故障时，由另一条并行管段替代。

（2）配水管网。指将输水管线送来的水，配给城市中各用户的管道系统。在配水管网中，各管线所起的作用不相同，因而其管径也就各异，由此可将管线分为配水干管、配水支管、接户管三类。

配水干管的主要作用是输水至城市各用水地区，直径一般在100mm以上，在大城市为200mm以上。城市给水管网的布置和计算，通常只限于干管。

配水支管是把干管输送来的水量送入小区的管道。配水支管的管径确定需要考虑消防流量。为了满足安装消火栓所要求的管径，通常配水管最小管径设置原则为大城市采用150～200mm，中等城市采用100～150mm，小城市采用75～100mm。

接户管又称进户管，是连接配水管与用户的管道。

（3）泵站。是输配水系统中的加压设施，一般由多台水泵并联组成。给水泵站如图1-2所示，当水不能靠重力流动时，必须使用水泵对水流增加压力，使水流有足够的能量克服管道内壁的摩擦阻力、用水地点的高差及用户的管道系统与设备的水流阻力，以满足用户对水压的要求。主要有四种泵站。

① 一级泵站。将原水从水源输送到自来水厂，当原水无需处理时，直接送入给水管网、蓄水池或水塔。一级泵站可和取水构筑物合建或分建。泵站的输水能力等于处理厂供水能力加水厂用水量，一般全日均匀供水。

② 二级泵站。将自来水厂清水池中的水输送到给水管网，以供应用户需要。二级泵站的供水能力必须满足最高时的用水要求，同时也要适应用水量降低时的情况。为使水泵在高效条件下运行，一般设多台水泵，由水泵的不同组合以及设置水塔或水池来适应供水量的变化。有的采用调速水泵机组，以适应供水量和水压的变化。

③ 增压泵站。提高给水管网中水压不足地区的压力。在扩建或新建管网时都可采用，特别是在地形狭长或高差较大的城市或对个别水压不足的建筑物，设置增压泵站一般较为经济合理。

图 1-2 给水泵站   图 1-3 清水池

④ 循环泵站。将生产过程排除的废水经处理后，再送回生产中使用的泵站，如冷却水的循环泵站。

（4）水量调节设施。主要作用是调节供水与用水的流量差，也称调节构筑物。有清水池、水塔和高位水池（或高地水池）等形式。

① 清水池是为贮存水厂中净化后的清水，以调节水厂制水量与供水量之间的差额，并为满足加氯接触时间而设置的水池，如图 1-3 所示。

② 水塔是用于贮水和配水的高耸结构，用来保持和调节给水管网中的水量和水压，如图 1-4 所示。水塔主要由水柜、基础和连接两者的支筒或支架组成。在工业与民用建筑中，水塔是一种比较常见而又特殊的建筑物。

③ 高位水池（或高地水池）是利用地形在适当的高地上建筑的储水构筑物，其作用与水塔相同。

（5）减压设施。减压设施可以降低和稳定输配水

图 1-4 水塔

系统局部的水压，以避免水压过高造成管道或其他设施漏水、爆裂、水锤破坏，或避免用水的不舒适感。常见的减压设施包括减压阀、减压孔板和节流塞。

减压阀是一种很好的减压装置，可分为比例式和直接动作型。前者是根据面积的比值来确定减压的比例，后者可以根据事先设定的压力减压，当用水端停止用水时，也可以控制住被减压的管内水压不升高，既能实现动减压，也能实现静减压。

减压孔板相对于减压阀来说，系统比较简单，投资较少，管理方便。实践表明，节水效果相当明显，通常在水质较好和供水压力较稳定时采用。但减压孔板只能减动压，不能减静压，且下游的压力随上游压力和流量而变，不够稳定，另外减压孔板容易堵塞。

节流塞的作用及优缺点与减压孔板基本相同，适合在小管径及其配件中安装使用。

1.1.3 排水管网系统的组成

排水管网系统一般由废水收集设施、排水管网、水量调节池、提升泵站、废水输水管（渠）和排放口等构成。典型的排水管网系统组成如图 1-5 所示。

（1）废水收集设施。指住宅及公共建筑内的各种卫生设备。生活污水经水封管、支管、立管和出户管等建筑排水管道系统流入室外居住小区管道系统。在每个出户管与室外居住小区管道相接的连接点设检查井，供检查和清通管道之用。通常情况下，居住小区内以及公共建筑的庭院内要设置化粪池，建筑内的污水经过化粪池后排入市政污水管道，如图 1-6 所示。雨水的收集是通过设在屋面或地面的雨水口将雨水收集到雨水排水支管，如图 1-7 所示。

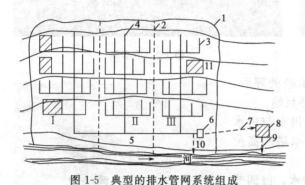
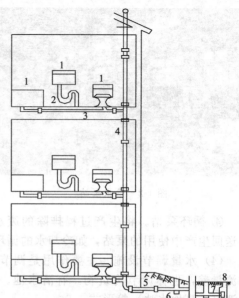

图 1-5　典型的排水管网系统组成
Ⅰ，Ⅱ，Ⅲ—排水流域
1—城市边界；2—排水流域分界线；3—支管；4—干管；
5—主干管；6—总泵站；7—压力管道；8—城市污水厂；
9—出水口；10—事故排放口；11—工厂

图 1-6　生活污水收集管道系统
1—卫生设备和厨房设备；2—存水弯（水封）；
3—支管；4—竖管；5—房屋出流管；
6—庭院沟管；7—连接支管；8—检查井

图 1-7　道路路面雨水排水口

（2）排水管网。主要依靠重力流输送污水至泵站、污水厂或水体的管道。排水管道由排水支管、排水干管、排水主干管等组成。在排水区界内，常按地面高程决定的分水岭把排水区域划分成几个排水流域。在各排水流域内，支管是承受居住小区干管流来的污水或集中流量排出的污水。干管是汇集输送由支管流来的污水，也常称为流域干管。主干管是汇集输送由两个或两个以上干管流来的污水管道。市郊干管从主干管把污水输送至总泵站、污水处理厂或通至水体出水口的管道。

排水管网一般沿地面高程由高向低布置成树状网络。排水管网中设置雨水口、检查井、跌水井、溢流井、水封井、换气井等附属构筑物及流量检测设施，便于系统的运行与维护管理。由于污水中含有大量的漂浮物和气体，所以污水管道一般采用非满流。雨水管网的管道一般采用满流。工业废水的输送管道采用满流还是非满流，应根据水质的特性决定。

（3）排水调节池。指具有一定容积的污水、废水或雨水贮存设施。通过排水调节池可以降低其下游高峰排水流量，从而减小输水管渠或排水处理设施的设计规模，降低工程造价。排水调节池还可在系统出现事故时贮存短时间排水量，以降低造成环境污染的危险。

排水调节池也能起到均和水质的作用，特别是工业废水，不同工厂或不同车间排水水质不同，不同时段排水的水质也会变化，不利于净化处理，调节池可以中和酸碱，均化水质。

（4）提升泵站。指通过水泵提升排水的高程或使排水加压输送。排水在重力输送过程中，高程不断降低，当地面较平坦时，输送一定距离后，管道的埋深会很大（例如当达到5m以上时），建设费用很高，通过水泵提升可以降低管道埋深，以降低工程费用。另外为了使排水能够进入处理构筑物或达到排放的高程，也需要进行提升或加压。

根据需要，在较大规模的管网或需要长距离输送时，可能需要设置多座泵站。

（5）废水输水管。指长距离输送废水的压力管道或渠道。为了保护环境，排水处理设施往往建在离城市较远的地区，排放口也选在远离城市的水体下游，都需要长距离输送。

（6）废水排放口。为了保证排放口的稳定，或者使废水能够比较均匀地与接纳水体混合，需要合理设置排放口。排放口的位置一般分为岸边集中排放口、江心集中排放口或分散排放口。根据其与水体的相对高程分为非淹没式或淹没式排放口。其中淹没式江心分散排放口的环境效果最好。排放口的位置和形式应根据环境规划和城市规划要求，征得当地建设、卫生、水利、航运、环境、渔业等部门的同意。要求排放口不致阻塞河道，保持与取水构筑物、游泳区、居民区、家畜饮用水区、渔业区有一定距离，不影响航运和水利建设。通常还要求排放口设在常水位以上（雨水排放口应设在洪水位以上）。污水排放口有时则要求设在水体水面以下（如排放高泡沫、高色度污水）。对排放口处附近要求采取河底、岸边加固措施，防止对其撞击、冲刷、倒灌和防冻。对于向海水排放污水的排放口，还需要考虑风浪和海流等方面的影响。岸边排放口构造简单，可直接将污水排入水体。

1.2　城市用水量及其变化

1.2.1　用水量分类与定额

给水系统设计用水量由下列各项组成：（1）综合生活用水（包括居民生活用水和公共建筑用水）；（2）工业企业用水；（3）浇洒道路和绿地用水；（4）管网漏损水量；（5）未预见用水；（6）消防用水。

不同类别的用水量可以采用有关设计规范规定的用水量指标进行计算。《室外给水设计规范》（GB 50013—2006）中规定了按照供水人口计算的居民生活用水定额和综合生活用水定额，见表1-1和表1-2。工业企业的用水量可根据国民经济发展规划，结合现有工业企业用水资料和产业用水量定额分析确定。

表1-1　居民生活用水定额　　　　　　　　　　单位：L/(人·d)

城市规模 用水情况 分区	特大城市		大城市		中、小城市	
	最高日	平均日	最高日	平均日	最高日	平均日
一	180～270	140～210	160～250	120～190	140～230	100～170
二	140～200	110～160	120～180	90～140	100～160	70～120
三	140～180	110～150	120～160	90～130	100～140	70～110

注：1. 特大城市指市区和近郊区非农业人口100万及以上的城市；
大城市指市区和近郊区非农业人口50万及以上，不满100万的城市；
中、小城市指市区和近郊区非农业人口不满50万的城市。
2. 一区包括：湖北、湖南、江西、浙江、福建、广东、广西、海南、上海、江苏、安徽、重庆。
二区包括：四川、贵州、云南、黑龙江、吉林、辽宁、北京、天津、河北、山西、河南、山东、宁夏、陕西、内蒙古河套以东和甘肃黄河以东的地区。
三区包括：新疆、青海、西藏、内蒙古河套以西和甘肃黄河以西的地区。
3. 经济开发区和特区城市，根据用水实际情况，用水定额可酌情增加。
4. 当采用海水或污水再生水等作为冲厕用水时，用水定额相应减少。

表 1-2　综合生活用水定额　　　　　　　　　　　　单位：L/(人·d)

城市规模	特大城市		大城市		中、小城市	
分区　用水情况	最高日	平均日	最高日	平均日	最高日	平均日
一	260~410	210~340	240~390	190~310	220~370	170~280
二	190~280	150~240	170~260	130~210	150~240	110~180
三	170~270	140~230	150~250	120~200	130~230	100~170

工程设计人员应根据城市的地理位置、用水人口、水资源状况、城市性质和规模、产业结构、国民经济发展和居民生活水平、工业回用水率等因素计算确定城市用水量。

1.2.2　用水量及其变化系数

1.2.2.1　用水量的表达

由于用户用水量是时刻变化的，设计用水量只能按一定时间范围内的平均值进行计算，通常用以下方式表达。

（1）平均日用水量。规划年限内，用水量最多的年总用水量除以用水天数为平均日用水量。该值一般作为水资源规划和确定城市设计污水量的依据。

（2）最高日用水量。用水量最多的一年内，用水量最多的一天的总用水量为最高日用水量。该值一般作为取水工程和水处理工程规划和设计的依据。

（3）最高日平均时用水量。最高日用水量除以 24h，可得到最高日平均时用水量。

（4）最高日最高时用水量。用水量最高日的 24h 中，用水量最大的 1h 用水量即为最高日最高时用水量。该值一般作为给水管网工程规划与设计的依据。

1.2.2.2　用水量变化系数

各种用水量都是经常变化的，但变化幅度和规律却有所不同。生活用水量随着生活习惯、气候和人们生活节奏等变化。从用水统计情况可知，城镇人口越少，工业规模越小，用水量越低，用水量变化幅度越大。工业企业生产用水量的变化一般比生活用水量的变化小，少数情况下变化可能很大。用水量变化可用变化系数和变化曲线来表示。

（1）在一年中，每天用水量的变化可以用日变化系数 K_d 表示，即最高日用水量与平均日用水量的比值。

$$K_d = 365 \frac{Q_d}{Q_y} \tag{1-1}$$

式中，Q_d 为最高日用水量，m^3/d；Q_y 为全年用水量，m^3/a。

在一天内，每小时用水量的变化可以用时变化系数 K_h 表示，即最高时用水量与平均时用水量的比值。

$$K_h = 24 \frac{Q_h}{Q_d} \tag{1-2}$$

式中，Q_h 为最高时用水量，m^3/h。

根据最高日用水量和时变化系数，可以计算最高时用水量。

$$Q_h = K_h \frac{Q_d}{24} \tag{1-3}$$

（2）用水量变化曲线。用水量变化系数只能表示一段时间内最高用水量与平均用水量的比值，要表示更详细的用水量变化情况，就要用到用水量变化曲线，即以时间 t 为横坐标和与该时间对应的用水量 $q(t)$ 为纵坐标数据绘制的曲线。根据不同的目的和要求，可以绘制年用水量变化曲线、月用水量变化曲线、日用水量变化曲线、小时用水量变化曲线和瞬时用水量变化曲线。在供水系统运行管理中，安装自动记录和数字远传水表或流量计，能够连续地实时记录一个区域或用户的用水量，提高供水系统管理的科学水平和经济效益。

给水管网工程设计中，要求管网供水量时刻满足用户用水量，适应任何一天中24h的变化情况，经常需要绘制小时用水量变化曲线，特别是最高日用水量变化曲线。绘制24h用水量变化曲线时，用横坐标表示时间，纵坐标也可以采用每小时用水量占全日水量的百分数。采用这种相对表示方法，有助于供水能力不等的城镇或系统之间相互比较和参考。如图1-8所示为某城市的用水量变化曲线。从图中看出，最高时是上午8～9点，最高时用水量比例为5.92%。由于一天中的小时平均用水量比例为100%/24＝4.17%，可以得出，时变化系数为$K_h=1.42$。

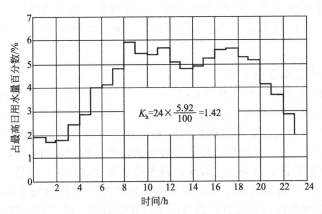

$$K_h=24\times\frac{5.92}{100}=1.42$$

图 1-8　用水量变化曲线

用水量变化曲线一般根据用水量历史数据统计求得，在无历史数据时，可以参考附近城市的实际资料确定。《城市给水工程规划规范》（GB 50282—98）给出了各类城市用水量的日变化系数的范围，见表1-3，应结合给水排水工程的规模、地理位置、气候、生活习惯、室内给水排水设施和工业生产情况等取值。当有本市或相似城市用水量历史资料时，可以进行统计分析，更准确地拟定日变化系数。

表 1-3　各类城市用水量的日变化系数

特大城市	大城市	中等城市	小城市
1.1～1.3	1.2～1.4	1.3～1.5	1.4～1.8

1.3　给水排水管网类型与体制

1.3.1　给水管网的类型

给水管网系统主要有统一给水管网系统、分系统给水管网系统和不同输水方式的给水管网系统三种类型。

1.3.1.1　统一给水管网系统

根据向管网供水的水源数目，统一给水管网系统分为单水源给水管网系统和多水源给水管网系统两种形式。

（1）单水源给水管网系统。即只有一个水源地，处理过的清水经过泵站加压后进入输水管和管网，所有用户的用水来源于一个水厂清水池，较小的给水管网系统，如企事业单位或

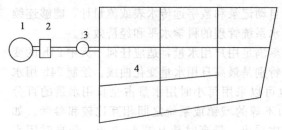

图 1-9　单水源给水管网系统

1—清水池；2—泵站；3—水塔；4—管网

小城镇给水管网系统，多为单水源给水管网系统，系统简单，管理方便。单水源给水管网系统如图 1-9 所示。

（2）多水源给水管网系统。指有多个水厂的清水池作为水源的给水管网系统，清水从不同的地点经输水管进入管网，用户的用水可以来源于不同的水厂。较大的给水管网系统，如中大城市甚至跨城镇的给水管网系统，一般是多水源给水管网系统。多水源给水管网系统的特点是调度灵活、供水安全可靠，就近给水，动力消耗较小；管网内水压较均匀，便于分期发展。但随着水源的增多，管理的复杂程度也相应提高。多水源给水管网系统如图 1-10 所示。

1.3.1.2　分系统给水管网系统

分系统给水管网系统和统一给水管网系统一样，也可采用单水源或多水源供水。根据具体情况，分系统给水管网系统又可分为分区给水管网系统、分压给水管网系统和分质给水管网系统。

（1）分区给水管网系统。管网分区的方法有两种。一种是城镇地形较平坦，功能分区较明显或自然分隔而分区。另一种是因地形高差较大或输水距离较长而分区，又有串联分区和并联分区两类：采用串联分区，从某一区取水，设泵站加压（或减压）向另一区供水，如图 1-11 所示；采用并联分区，采用不同泵站（或泵站中不同水泵）向压力要求不同的区域供水，如图 1-12 所示。大型管网系统可能既有串联分区又有并联分区，以便更加节约能量。

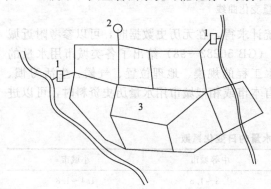

图 1-10　多水源给水管网系统

1—水厂；2—水塔；3—管网

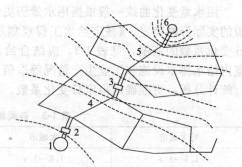

图 1-11　串联分区给水管网系统

1—清水池；2—供水泵站；3—加压泵站；
4—低压管网；5—高压管网；6—水塔

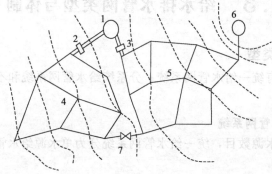

图 1-12　并联分区给水管网系统

1—清水池；2—高压泵站；3—低压泵站；4—高压管网；5—低压管网；6—水塔；7—连通阀门

（2）分压给水管网系统。由于用户对水压的要求不同而分成两个或两个以上的系统给水。符合用户水质要求的水，由同一泵站内不同扬程的水泵分别通过高压、低压输水管网送往不同用户，如图1-13所示。

（3）分质给水管网系统。因用户对水质的要求不同而分成两个或两个以上系统，分别供给各类用户，如图1-14所示。

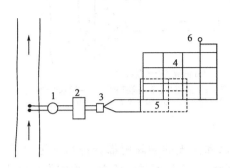

图1-13　分压给水管网系统
1—取水构筑物；2—水处理构筑物；3—泵站；
4—高压管网；5—低压管网；6—水塔

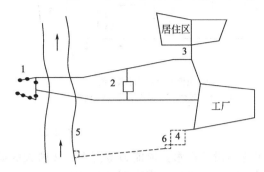

图1-14　分质给水管网系统
1—管井群；2—泵站；3—生活用水管网；4—生产用水管网；
5—取水构筑物；6—用水处理构筑物

1.3.1.3　不同输水方式的管网系统

根据水源和供水区域地势的实际情况，可采用不同的输水方式向用户供水。

（1）重力输水管网系统。指水源处地势较高，清水池中的水依靠自身重力，经重力输水管进入管网并供用户使用。重力输水管网系统无动力消耗，是一类运行经济的输水管网系统，如图1-15所示。

（2）水泵加压输水管网系统。指清水池的水由泵站加压送出，经输水管进入管网供用户使用，甚至要通过多级加压将水送至更远或更高处用户使用。压力给水管网系统需要消耗动力，如图1-1～图1-14所示。

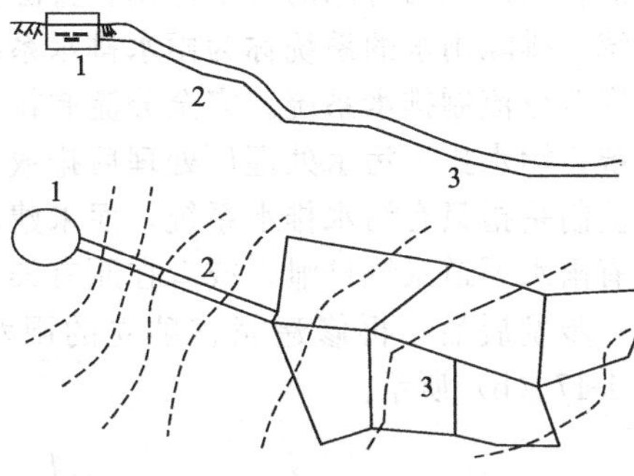

1.3.2　排水管网系统的体制

排水体制是指排水系统对生活污水、生产废水和降水所采取的不同收集、输送和处置的系统方式，一般分为合流制和分流制两种类型。

图1-15　重力输水管网系统
1—高地水池；2—输水管渠；3—管网

（1）合流制排水系统。是指将生活污水、工业废水和雨水排入同一套排水管渠内排除的排水系统，又可分为直排式合流制排水系统和截流式合流制排水系统。直排式合流制排水系统是最早出现的合流制排水系统，是将欲排除的混合污水不经处理就近直接排入天然水体，如图1-16（a）所示。因污水未经无害化处理而直接排放，会使受纳水体遭受严重污染，现在一般不再采用。截流式合流制排水系统是在邻近河岸的街坊高程较低侧建造一条沿河岸的截流总干管，所有排水主干管的混合污水都将接入截流总干管中，合流污水由截流总干管输送至下游的排水口集中排出或进入污水处理厂，如图1-16（b）所示。

由于雨水流量的瞬时值可能很大，合流制截流总干管的管径通常只考虑截流旱流量一定倍数的雨水量，而不是把所有雨水量都截流在截流总干管中。为此，在合流干管与截流总干管相交前或相交处需设置溢流井。溢流井的作用是当进入管道的城市污水和雨水的总量超过管道的设计流量时，多余的雨污水量就会经溢流井排出，而不能向截流总干管的下游转输。截流总干管的下游通常是城市污水处理厂。由于雨天初期降雨的汇集量较小，一般都在截流

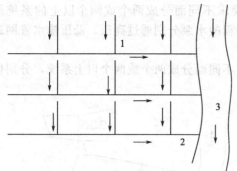

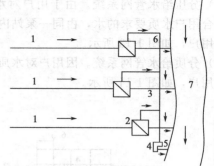

(a) 直流式合流制排水系统　　　　　　　　　　(b) 截流式合流制排水系统

1—合流支管；2—河流干管；3—河流　　　　1—合流干管；2—溢流井；3—截流干管；4—污水处理厂；
　　　　　　　　　　　　　　　　　　　　　　5—排水口；6—溢流干管；7—河流

图 1-16　合流制排水系统

总干管的设计雨水截流能力范围内，故晴天的城市污水和雨天的初降雨都会排送至污水厂，经处理后排入水体。当降雨过程延续，进入管道的混合污水流量超过截流总干管的设计输水能力后，就有部分混合污水经溢流井溢出直接排入水体，而使水体遭受污染。截流式合流制排水系统是国内外改造旧城区合流制排水系统常用的方式，它比直排式合流制排水系统有所进步。

(2) 分流制排水系统。是指将生活污水、工业废水和雨水分别在两个或两个以上各自独立的管渠系统内排除的排水体制。排除生活污水、工业废水或城市污水的系统称为污水排水系统，排除雨水的系统称为雨水排水系统。根据排除雨水方式的不同，又分为完全分流制和不完全分流制排水系统。完全分流制排水系统具有相互完全独立的污水排水系统和雨水排水系统，污水排至污水处理厂处理后排放，雨水就近排入水体，如图 1-17 (a) 所示。不完全分流制是指只有污水排水系统，而未建雨水排水系统，雨水沿街道边沟、水渠、天然地面等原有雨水渠道系统排泄，或者在原有渠道系统输水能力不足之处修建部分雨水管道，待城市进一步发展后，再修建完整独立的雨水排水系统，逐步改造成完全分流制排水系统，如图 1-17 (b) 所示。

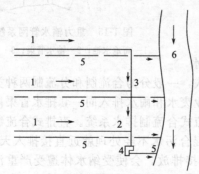

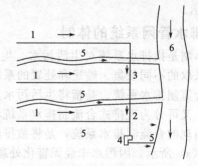

(a) 完全分流制排水系统　　　　　　　　　　(b) 不完全分流制排水系统

1—污水干管；2—污水主干管；3—污水处理厂；　　1—污水干管；2—污水主干管；3—污水处理厂；
4—排水口；5—雨水干管；6—河流　　　　　　4—排水口；5—明渠；6—河流

图 1-17　分流制排水系统

在一些大城市中，由于各区域的自然条件存在差异，同时排水系统的建设是逐步进行和完善的，有时会出现混合制排水系统，即既有分流制也有合流制的排水系统。混合制排水系统在原为合流制的城市进行排水系统的改造扩建时常常出现。在工业企业中，由于工业废水成分和性质的复杂性，与生活污水不宜混合，而且彼此之间也不宜混合，否则将造成污水和污泥处理复杂化，给废水重复利用和有用物质的回收造成困难。

排水体制的选择是城市和工业企业排水系统设计中的重要问题，不仅从根本上影响排水系统的设计、施工、维护管理，而且对城市和工业企业的规划和环境保护影响深远，同时也影响排水系统工程的总投资和初期投资费用以及维护管理费用。我国《室外排水设计规范》（GB 50014—2006）规定，排水体制的选择，应根据城镇总体规划，结合当地的地形特点、水文条件、水体状况、气候特征、原有排水设施、污水处理程度和处理后出水利用等综合考虑后确定。除降雨量少的干旱地区外，新建地区的排水系统应采用分流制。现有合流制排水系统，有条件的应按照城镇排水规划的要求，实施雨污分流改造；暂时不具备雨污分流条件的，应采取截流、调蓄和处理相结合的措施。

1.4 给水排水管网模型

1.4.1 给水排水管网的简化

给水排水管网是一类大规模且复杂多变的管道网络系统，为便于规划、设计和运行管理，应将其简化和抽象为便于用图形和数据表达和分析的系统，称为给水排水管网模型。给水排水管网模型主要表达管网系统中各组成部分的拓扑关系和水力特性，将管网简化和抽象为管段和节点两类元素，并赋予工程属性。管网简化是从实际管网系统中删减一些比较次要的组成部分，使分析和计算集中于主要对象；管网抽象是忽略分析对象的一些具体特征，而将它们视为模型中的元素，只考虑它们的拓扑关系和水力特性。

1.4.1.1 简化原则

（1）宏观等效原则。即对给水排水管网某些局部简化以后，要保持其功能、各元素之间的关系不变。宏观等效的原则是相对的，要根据应用的要求与目的不同来灵活掌握。

（2）小误差原则。简化必然带来模型与实际系统的误差，需要将误差控制在一定的允许范围内，一般应要满足工程要求。

1.4.1.2 简化的一般方法

（1）删除次要管线（如管径较小的支管、配水管、出户管等），保留主干管线和干管线。当系统规模小或计算精度要求高时，可以将较小管径的管线定为干管线，当系统规模大或计算精度要求低时，可以将较大管径的管线定为次要管线。删除不影响全局水力特性的设施（如全开的闸阀、排气阀、泄水阀、消火栓等）。

（2）当管线交叉点很近时，可以合并为同一交叉点；同一处的多个相同设施也可合并。

（3）并联的管线可以简化为单管线，其直径采用水力等效原则计算。

（4）将管线从全闭阀门处切断，但需保留调节阀、减压阀等。

（5）在可能的情况下，将大系统拆分为多个小系统，分别进行分析计算。

图 1-18（a）所示的给水管网，简化后如图 1-18（b）所示。

1.4.2 给水排水管网模型元素

经过简化的给水排水管网需要进一步抽象，使之成为仅由管段和节点两类元素组成的管网模型。在管网模型中，管段与节点相互关联，即管段的两端为节点，节点之间通过管段连通。

1.4.2.1 管段

管段是管线和泵站等简化后的抽象形式，它只能输送水量，管段中间不允许有流量输入

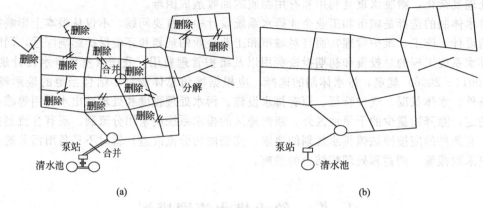

图 1-18 给水管网简化示意

或输出，但水流经管段后可因加压或者摩擦损失产生能量改变。管段中间的流量应运用水力等效的原则折算到管段的两端节点上，通常给水管网将管段沿线配水流量一分为二，分别转移到管段两端节点上，而排水管网将管段沿线收集水量折算到管段起端节点。相对而言，给水管网的处理方法误差较小，而排水管网的处理，由于以较大的起点流量为管径设计依据，因此更为安全。当管线中间有较大的集中流量时，无论是流出或流入，应在集中流量点处划分管段，设置节点，因为大流量的位置改变会造成较大的水力计算误差。同理，沿线出流或入流的管线较长时，应将其分成若干条管段，以避免将沿线流量折算成节点流量时出现较大误差。泵站、减压阀、跌水井、非全开阀门等则应设于管段上，因为对它们的功能抽象与管段类似，即只引起水的能量变化而没有流量的增加或者损失。

1.4.2.2 节点

节点是管线交叉点、端点或大流量出入点的抽象形式。节点只能传递能量，不能改变水的能量，即节点上水的能量（水头值）是唯一的，但节点可以有流量的输入或输出，如用水的输出、排水的收集或水量调节等。泵站、减压阀、跌水井及阀门等改变水流能量或具有阻力的设施不能置于节点上，因为它们符合管段的抽象特征，而与节点的抽象不相符合。即使这些设施的实际位置可能就在节点上，或者靠近节点，也必须认为它们处于管段上。

1.4.2.3 管段和节点的特征

管段和节点的特征包括构造属性、拓扑属性和水力属性三个方面。构造属性是拓扑属性和水力属性的基础，水力属性是管段和节点在系统中的水力特征的表现。

（1）构造属性。构造属性通过系统设计确定，主要包括管网构件的几何尺寸、地理位置及高程数据等。

① 管段的构造属性

a. 管段长度，简称管长，一般以"m"为单位。

b. 管段直径，简称管径，一般以"m"或"mm"为单位，非圆管可以采用当量直径表示。

c. 管段粗糙系数，表示管道内壁粗糙程度，与管道材料有关。

② 节点的构造属性

a. 节点高程，即节点所在地点的地面标高，单位为"m"。

b. 节点位置，可用平面坐标（z, y）表示。

（2）拓扑属性。拓扑属性是管段与节点之间的关联关系。

① 管段的拓扑属性

a. 管段方向，是一个设定的固定方向（不是流向，也不是泵站的加压方向，但当泵站加压方向确定时一般取其方向）。

b. 起端节点，简称起点。

c. 终端节点，简称终点。

② 节点的拓扑属性

a. 与节点关联的管段及其方向。

b. 节点的度，即与节点关联的管段数。

（3）水力属性。水力属性运用水力学理论进行分析和计算。

① 管段的水力属性

a. 管段流量，是一个带符号值，正值表示流向与管段方向相同，负值表示流向与管段方向相反，单位常用"m^3/s"或"L/s"。

b. 管段流速，即水流通过管段的速度，也是一个带符号值，其方向与管段流量相同，常用单位为"m/s"。

c. 管段扬程，即管段上通过水泵传递给水流的能量增加值，也是一个带符号值，正值表示泵站加压方向与管向相同，负值表示泵站加压方向与管段方向相反，单位常用"m"。

d. 管段摩阻，表示管段对水流阻力的大小。

e. 管段压降，表示水流从管段起点输送到终点后，其机械能的减小量，因为忽略了流速水头，所以称为压降，亦为压力水头的降低量，常用单位为"m"。

② 节点的水力属性

a. 节点流量，即从节点流入或流出管网的流量，是带符号值，正值表示流出节点，负值表示流入节点，单位常用"m^3/s"或"L/s"。

b. 节点水头，表示流过节点的单位重量的水流所具有的机械能，一般采用与节点高程相同的高程体系，单位为"m"，对于非满流，节点水头即管渠内水面高程。

c. 自由水头，仅对有压流，指节点水头高出地面高程的那部分能量，单位为"m"。

1.4.3 管网模型的标识

将给水排水管网简化和抽象为管网模型后，应该对其进行标识，以便于以后的分析和计算。标识的内容包括：节点与管段的命名或编号；管段方向与节点流向设定等。

（1）节点和管段编号或命名可以用任意符号。为了便于计算机程序处理，通常采用正整数进行编号，如1，2，3，…。同时编号应尽量连续，以便于用程序顺序操作。采用连续编号的另一个优点是最大的管段编号就是管网模型中的管段总数，最大的节点编号就是管网模型中的节点总数。为了区分节点和管段编号，一般在节点编号两边加上小括号，如（1），（2），（3），…；而在管段编号两边加上中括号，如 [1]，[2]，[3]，…。

（2）管段的一些属性是有方向性的，如流量、流速、压降等，它们的方向都是根据管段的设定方向而定的，即管段设定方向总是从起点指向终点。需要特别说明的是，管段设定方向不一定等于管段中水的流向，因为有些管段中的水流方向是可能发生变化的，而且有时在计算前还无法确定流向，必须先假定一个方向，如果实际流向与设定方向不一致，则采用负值表示。也就是说，当管段流量、流速、压降等为负值时，表明它们的方向与管段设定方向相反。从理论上讲，管段方向的设定可以任意，但为了不出现太多的负值，一般应尽量使管段的设定方向与流向一致。

（3）设定节点流量的方向，总是假定以流出节点为正，在管网模型中通常以一个离开节点的箭头标示。如果节点流量实际上为流入节点，则认为节点流量为负值。如给水管网的水源供水节点，或排水管网中的大多数节点，它们的节点流量都为负。以图1-19 所示的管网模型为例，经过标识的管网模型如图1-20 所示。

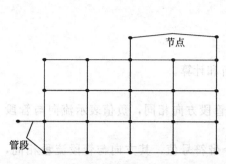

图 1-19　由节点和管段组成的管网模型

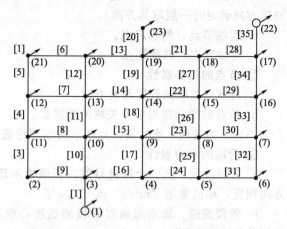

图 1-20　经过标识的管网模型

第2章

给水排水管网规划与布置

2.1 给水排水工程规划原则和工作程序

给水排水工程规划是城市总体规划工作的重要组成部分，是城市专业功能规划的重要内容，是对水资源开发和利用、给水排水系统建设的综合优化功能和工程布局进行的专项规划。给水排水工程规划必须与城市总体规划相协调，规划内容和深度应与城市规划的步骤相一致，充分体现城市规划和建设的合理性、科学性和可实施性。给水排水工程规划应从城市总体规划到详细实施方案进行综合考虑，分区、分级进行规划，规划内容应逐级展开和细化，而且应该按近期（5～10年）和远期（10～20年）分别进行。在给水排水工程规划中，又可被划分为给水工程专项规划和排水工程专项规划。

给水排水工程规划的任务如下：

（1）确定给水排水系统的服务范围与建设规模；

（2）确定水资源综合利用与保护措施；

（3）确定系统的组成与体系结构；

（4）确定给水排水主要构筑物的位置；

（5）确定给水排水处理的工艺流程与水质保证措施；

（6）给水排水管网规划和干管布置与定线；

（7）确定废水的处置方案及其环境影响评价；

（8）给水排水工程规划的技术经济比较，包括经济、环境和社会效益分析。

给水排水工程规划应以规划文本和说明书的形式进行表达。规划文本应阐述规划编制的依据和原则，确定近远期的用水与排水量计算依据和方法，以及对规划内容的分项说明。规划文本应有必要的附图，使规划的内容和方案更加直观和明确。

2.1.1 给水排水工程规划原则

根据城市总体规划，考虑到城市的发展、人口变化、工业布局、交通运输、电力供应等因素，城市给水排水系统的工程规划应遵循以下原则。

（1）贯彻执行国家和地方相关政策和法规。在进行给水排水工程规划时，必须认真贯彻执行国家及地方政府颁布的《中华人民共和国城市规划法》、《中华人民共和国环境保护法》、《中华人民共和国水污染防治法》、《中华人民共和国海洋环境保护法》、《中华人民共和国水法》、《城市供水条例》、《城市排水条例》等法律法规，以及《城市给水工程规划规范》、《生活饮用水水源水质标准》、《生活饮用水卫生标准》、《防洪标准》等国家标准与设计规范，它们是城市规划和工程建设的指导方针。

（2）城镇及工业企业规划时应兼顾给水排水工程规划。在进行城镇及工业企业规划时应考虑水源条件，在水源缺乏的地区，不宜盲目扩大城市规模，也不宜设置用水量大的工厂。

用水量大的工业企业一般应设在水源较为充沛的地方。

对于采用统一给水系统的城镇，一般在给水厂站附近或地形较低处的建筑层数可以规划得较高些，在远离水厂或地形高处的建筑层数则宜低些。对于工业企业生产用水量占供水量比例较大的城镇，应把同一性质的工业企业适当集中，把能重复用水的工业企业规划在一起，以便就近统一供应同一水质的用水和近距离输送复用水，同时便于将相近性质的废水集中处理。

（3）服从城市总体规划。城市总体规划所确定的城市性质、人口规模、经济发展目标、功能分区布局、居住区的建筑层数和标准以及相应的水量、水质、水压资料等，是城市给水排水系统规划的主要依据。

当地农业灌溉、航运、水利和防洪等设施和规划等是水源和排水出路选择的重要影响因素；城市和工业企业的道路规划、地下设施规划、竖向规划、人防工程规划、防洪工程规划等单项工程规划对给水排水工程的规划设计都有影响，要从城市规划的全局性出发，合理制订城市给水排水工程规划，才能使城市建设成为一个有机整体。

（4）按远期规划、以近期为主，近远期结合。城市给水排水规划一般可按远期规划，而按近期进行设计和分期建设。近期建设规划应具有可行性和可操作性，应把近期的给水排水需求作为重点，并充分考虑远期规划发展，避免重复建设。应正确处理近期建设规划和远期规划两者之间的关系和衔接，确保给水排水工程的优化建设。

（5）合理利用水资源和保护环境。给水水源有地表水源和地下水源，在选择前必须对所在地区水资源状况进行认真的勘察、研究，并根据城镇和工业总体规划以及农、林、渔、水电等各行业用水需要，进行综合规划、合理开发利用，同时要从供水水质的要求、水文地质及取水工程条件出发，考虑整个给水系统的安全性和经济性。

（6）应尽可能经济和高效。在保证技术合理和工程可行的前提下，要努力提高给水排水工程投资效益并降低工程项目的运行成本，必要时进行多方面和多方案比较分析，选择尽可能经济的工程规划方案。同时给水排水工程规划方案应在不断总结生产实践经验和科学试验的基础上，积极采取行之有效的新技术、新工艺、新材料和新设备，提高供水排水的安全性，降低工程造价，优化运行成本。

2.1.2 给水排水管网规划工作程序

（1）明确规划任务，确定规划编制依据。了解规划项目的性质，明确规划设计目的、任务与内容；收集与规划项目有关的方针政策性文件和城市总体规划文件及图纸；取得给水排水规划项目主管部门提出的正式委托书，签订项目规划任务的合同（或协议书）。根据城市规划合同（或协议书）明确，给水排水工程规划的工作范围。

（2）调查收集必需的基础资料，进行现场勘察。基础资料主要包括：水资源综合利用规划、土地利用规划、水源水质调查报告、水源水文地质勘查文件、给水排水工程设施现状调查报告、城市排水系统工程规划设想等。在充分掌握详尽资料的基础上，应进行一定深度的调查研究和现场踏勘，增加现场概念，加强对水环境、水资源、地形、地质等的认识，为厂站选址、管网布局、水的处理与利用等的规划方案奠定基础。

（3）城市用水量和排水量预测。在掌握资料与了解现状和规划要求的基础上，合理确定城市用水定额，估算用水量与排水量，这是确定给水排水工程规模的依据，应经过充分调查研究才能确定。水量预测应采用多种方法和数学模式计算，并相互校核，确保数据的科学合理性。

（4）制订给水排水工程规划方案。对系统体系结构、水源与取水点选择、给水处理厂址选择、给水处理工艺、给水排水管网布置、排水处理厂址选择、排水处理工艺、污废水最终处置与利用方案进行规划设计，提出水资源保护以及开源节流的要求和措施等。拟订不同方案，进行技术经济比较与分析，最后确定最佳方案。

（5）根据规划期限，提出分期实施规划的步骤和措施。给水排水工程规划的分期实施计划，有利于控制和引导给水排水工程有序建设和资金的合理使用，有利于城镇和工业区规划的发展建设，增强给水排水规划工程的可操作性，提高项目投资效益。

（6）编制给水排水工程规划文件。包括规划成果文本、工程规划图纸、重要依据文件等。

2.2 给水管网系统规划与布置

给水管网系统规划布置包括输水管渠定线和配水管网定线，它是给水管网工程规划与设计的主要内容。

2.2.1 给水管网布置原则与形式

2.2.1.1 给水管网布置的原则

（1）按照城市总体规划，确定给水系统服务范围和建设规模。管线应遍布在整个给水区内，保证用户有足够的水量和水压。结合当地实际情况布置给水管网，要进行多方案技术经济比较。

（2）主次明确，先进行输水管渠与主干管布置，然后布置一般管线与设施。

（3）尽量缩短管线长度，尽量减少穿越障碍物等，节约工程投资与运行管理费用。

（4）协调好与其他管道、电缆和道路等工程的关系。

（5）保证供水具有适当的安全可靠性，当局部管线发生故障时，应保证不中断供水或尽可能缩小断水的范围。

（6）尽量减少拆迁，少占农田或不占农田。

（7）灌渠的施工、运行和维护方便。

（8）远近期结合，留有发展余地，考虑分期实施的可能性。

2.2.1.2 给水管网布置的基本形式

给水管网有各种各样的形式，但其基本形式只有两种：树状管网和环状管网。

树状管网如图 2-1 所示。图中管网从水厂泵站或水塔到用户的管线布置成树枝状，其管径随所供给用户的减少而减小。这种管网管线长度一般较短，构造简单，投资较省。但管网中任一段管线损坏时，在该管段以后的所有管线就会断水，因此树状网的供水可靠性较差；另外在树状管网的末端，因用水量已经很小，管中的水流缓慢，甚至停滞不流动，因此水质容易变坏。而且当管网用水量超设计负荷时，末端管网又极易产生负压，可能吸入周围土壤的渗漏水而造成水质的污染；再者，树状管网易发生水锤，破坏管道。所以树状管网一般适用于小城市和小型工矿企业，或在城市规划初期可先采用树状管网，以减少一次性投资费用，加快工程投产。

环状管网如图 2-2 所示。图中管线连接成环状，当任一段管线损坏时，可以关闭附近的阀门，与其余管线隔开，然后进行检修，水还可从另外管线供应用户，断水的地区可以缩小，从而增加供水可靠性。环状网还可以大大减轻因水锤作用产生的危害，所以环状管网是供水安全性较高的管网形式，但对于同一供水区，由于采用环状管网管线总长度较树状管网长，故环状管网的造价比树状管网高。

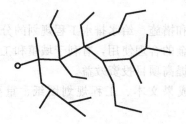

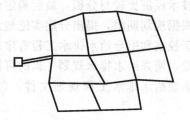

图 2-1　树状管网　　　　　　　　　　　图 2-2　环状管网

给水管网的布置既要保证供水安全，又要尽量经济，因此在布置管网时，应考虑分期建设的可能，即先按近期规划采用树状管网，随着用水量的增加，再逐步增设管线构成环状管网。所以现有城市的配水管网多数是环状管网和树状管网的结合。即在城市中心地区布置成环状管网，而在郊区和城市次要地区，则以树状管网的形式向四周延伸。供水可靠性要求较高的工矿企业需采用环状网，并用树状管网或双管输水至个别较远的车间。

2.2.2　输水管渠定线

输水管渠在长距离输水时常穿越河流、公路、铁路、高地等。因此，其定线就显得比较复杂。输水管道系统的输水方式可采用重力式、加压式或两种方式并用，应通过技术经济比较后选定。

输水管渠定线时一般按照下列要求确定。

（1）尽量缩短线路的长度，尽量避开不良的地质构造（地质断层、滑坡等）处，尽量沿现有道路或规划道路敷设；减少拆迁，少占良田，少毁植被，保护环境；施工、维护方便，节省造价，运行安全可靠。

（2）从水源至净水厂的原水输水管（渠）的设计流量，应按最高日平均时供水量确定，并计入输水管（渠）的漏损水量和净水厂自用水量；从净水厂至管网的清水输水管道的设计流量，应按最高日最高时供水条件下，由净水厂负担的供水量计算确定。

（3）输水干管不宜少于两条，当有安全贮水池或其他安全供水措施时，也可修建一条。输水干管和连通管的管径及连通管根数，应按输水干管任何一段发生故障时仍能通过事故用水量计算确定，城镇的事故水量为设计水量的 70%。

（4）输水管道系统运行中，应保证在各种设计工况下，管道不出现负压。

（5）原水输送宜选用管道或暗渠（隧洞）；当采用明渠输送原水时，必须有可靠的防止水质污染和水量流失的安全措施，清水输送应选用管道。

（6）输水管道系统的输水方式可采用重力式、加压式或两种并用方式，应通过技术经济比较后选定。图 2-3 所示为远距离输水采用的加压和重力结合的输水方式，在 1～3 处设泵站加压，2～4 处设高地水池，上坡部分如 1—2 段和 3—4 段用加压管，下坡部分根据地形采用无压或有压重力管，以节省投资。

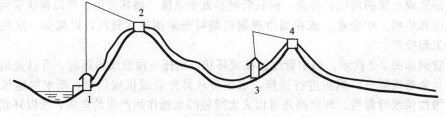

图 2-3　加压和重力相结合的输水方式
1,3—泵站；2,4—高地水池

（7）长距离输水工程应遵守下列基本规定。

① 应深入进行管线实地勘察和路线方案比选优化；对输水方式、管道根数按不同工况进行技术经济分析论证，选择安全可靠的运行系统；根据工程的具体情况，进行管材、设备的比选优化，通过计算经济流速确定经济管径。

② 应进行必要的水锤分析计算，并对管路系统采取水锤综合防护设计，根据管道纵向布置、管径、设计水量、功能要求，确定水锤防护措施。

③ 应设测流、测压点，根据需要设置遥测、遥讯、遥控系统。

（8）管道穿越河道时，可采用管桥或河底穿越等方式。

（9）输水管的最小坡度应大于 $1:5D$（D 为管径，以 mm 计）。输水管线坡度小于 $1:1000$ 时，应每隔 $0.5\sim1$km 装置排气阀。即使在平坦地区，埋管时也应人为地做成上升和下降的坡度，以便在管坡顶点设排气阀（一般 1km 设一个为宜），在管坡低处设泄水阀及泄水管。管线埋深应按当地条件决定，在严寒地区敷设的管线应注意防止冰冻。

图 2-4 所示为输水管的平面和纵断面图。

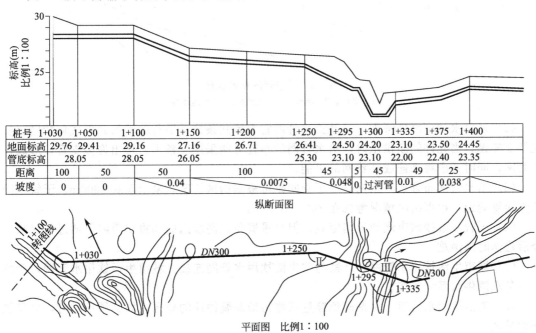

图 2-4　输水管平面和纵断面图

2.2.3　配水管网定线

配水管网定线时一般只限于管网的干管以及干管之间的连接管，不包括从干管到用户的分配管和接到用户的接户管。

给水管网遍布整个给水区内，根据管道的功能，可划分为干管、分配管（或配水支管）、接户管（或进户管）三类。在图 2-5 中，实线表示干管，管径较大，用以输水到各地区。虚线表示分配管，它的作用是从干管取水供给用户和消火栓，管径较小，常由城市消防流量决定所需最小的管径。

配水管网定线取决于城市平面布置，供水区的地形，水源和调节构筑物位置，街区和用户特别是大用户的分布，河流、铁路、桥梁的位置等，考虑的要点如下。

（1）干管定线时，其延伸方向应和二级泵站输水到水池、水塔、大用户的水流方向基本一致，如图 2-5 中的箭头所示。沿水流方向以最短的距离，在用水量较大的街区布置一条或数条干管。

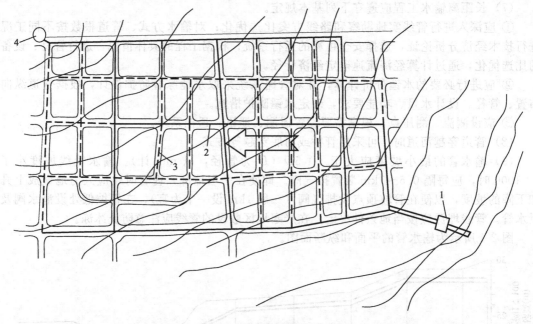

图 2-5　城市管网布置示意
1—水厂；2—干管；3—分配管；4—高地水库

（2）从供水的可靠性考虑，城镇给水管网宜布置几条接近平行的干管并形成环状网。从经济上考虑，当允许间断供水时，给水管网的布置可能采用一条干管接出许多支管，形成枝状管网，同时考虑将来连成环状网的可能。

（3）给水管网布置成环状网时，干管间距可根据街区情况，采用 $500\sim800m$，干管之间的连接管间距，根据街区情况考虑在 $800\sim1000m$。

（4）干管一般按城市规划道路定线，但尽量避免在高级路面和重要道路下通过，以减少今后检修时的困难。

（5）城市生活饮用水管网，严禁与非生活饮用水管网连接。城镇生活饮用水管网，严禁与自备水源供水系统连接。

（6）生活饮用水管道应尽量避免穿过毒物污染及腐蚀性的地区，如必须穿过时，应采取防护措施。

（7）城镇给水管道的平面布置和埋深，应符合城镇的管道综合设计要求；工业企业给水管道的平面布置和竖向标高设计，应符合厂区的管道综合设计要求。

（8）给水管网中还需安排其他一些管线和附属设备，例如在供水范围内的道路下需敷设分配管，以便把干管的水送到用户和消火栓。最小分配管直径为 $100mm$，大城市采用 $150\sim200mm$，主要原因是通过消防流量时，分配管中的水头损失不致过大，以免火灾地区的水压过低。

（9）为保证给水管网的正常运行以及消防和管网的维修管理工作，管网上必须安装各种必要的附件，如阀门、消火栓、排气阀和泄水阀等。阀门是控制和调节流量、水压的重要设备，阀门的布置应能满足故障管段的切断需要，其位置可结合连接管或重要支管的接点位置；消火栓宜设在使用方便、明显、易于取用之处。

工业企业内的管网布置有其具体特点。根据企业内的生产用水和生活用水对水质和水压的要求，两者可以合用一个管网，也可分建成两个管网。消防用水管网可根据消防水压和水量要求单独设置，也可由生活或生产给水管网供给消防用水。根据工业企业的特点，确定管网布置形式。当生活用水管网不供给消防用水时，可为枝状网，生活和消防用水合并的管网，应为环状网。生产用水则按照生产工艺对供水可靠性的要求，采用枝状网、环状网或两者结合的形式。不能断水的企业，生产用水管网必须是环状网，到个别距离较远的车间可用双管代替环状网。

大型工业企业的各车间用水量一般较大，所以生产用水管网不像城镇管网那样易于划分干管和分配管，定线和计算时全部管线都要加以考虑。

2.3 排水管渠系统规划布置

2.3.1 排水管渠布置原则与形式

2.3.1.1 排水管渠的布置原则

（1）排水管渠系统应根据城镇总体规划和建设情况统一布置，分区建设。

（2）管渠平面位置和高程，应根据地形、土质、地下水位、道路情况、原有的和规划的设施、施工条件以及养护管理方便等因素综合考虑确定。

（3）排水干管应布置在排水区域内地势较低或便于雨污水汇集的地带。排水管宜沿城镇道路敷设，并与道路中心线平行，宜设在快车道以外。截流干管宜沿受纳水体岸边布置。

（4）排水管渠系统的设计，应以重力流为主，不设或少设提升泵站。

（5）协调好与其他管道、电缆和道路等工程的关系，考虑好与企业内部管网的衔接。

2.3.1.2 排水管网布置形式

排水管网一般布置成树状网，根据地形不同，可采用两种基本形式：平行式和正交式。

（1）平行式。排水干管与等高线平行，而主干管则与等高线基本垂直，如图 2-6（a）所示。平行式适应于城市地形坡度很大时，可以减少管道的埋深，避免设置过多的跌水井，改善干管的水力条件。

（2）正交式。排水干管与地形等高线垂直相交，而主干管与等高线平行敷设，如图 2-6（b）所示。正交式适应于地形比较平坦、略向一边倾斜的城市。

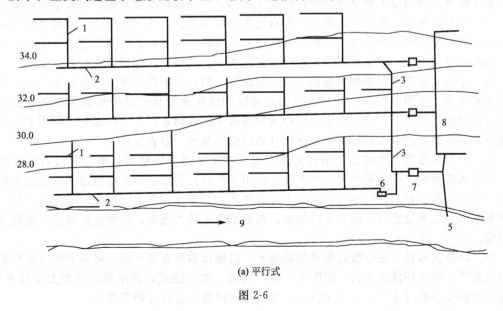

(a) 平行式

图 2-6

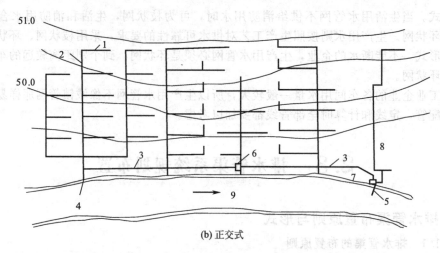

(b) 正交式

图 2-6　排水管网布置的基本形式

1—支管；2—干管；3—主干管；4—溢流口；5—出口渠渠头；6—泵站；7—污水厂；8—污水灌溉管；9—河流

　　由于各城市地形差异很大，大中城市不同区域的地形条件也不相同，排水管网的布置要根据城市地形、竖向规划、污水厂的位置、土壤条件、水体情况以及污水的种类和污染程度等因素确定。在一定条件下，地形是影响排水系统布置的主要因素。实际工程往往结合上述两种布置形式，形成多种具体的布置形式，如图 2-7 所示。

　　(1) 正交式布置。在地势向水体有一定倾斜的地区，各排水流域的干管可以最短距离沿与水体垂直相交的方向布置，这种布置称为正交式布置，如图 2-7 (a) 所示。正交式布置的干管长度短、管径小、造价经济、污水排除迅速。但污水未经处理直接排放会使水体遭受严重污染。因此，在现代城市中，这种布置形式仅用于排除雨水。

　　(2) 截流式布置。在正交式布置的基础上，沿河岸再敷设主干管将各干管的污水截流送至污水厂，这种布置称为截流式布置，如图 2-7 (b) 所示。截流式布置适用于分流制污水排水系统，将生活污水和工业废水经处理后排入水体；也适用于区域排水系统，区域主干管截流各城镇的污水送至区域污水厂进行处理。截流式合流制对减轻水体污染、改善和保护环境有重大作用，但因雨天有部分混合污水泄入水体，会造成对受纳水体一定程度的污染。

　　(3) 平行式布置。在地势向河流方向有较大倾斜的地区，为了避免干管坡度及管内流速过大，使管道受到严重冲刷或设置过多的跌水井，可使干管与等高线及河道基本平行、主干管与等高线及河道成一定倾角敷设，这种布置称为平行式布置，如图 2-7 (c) 所示。

　　(4) 分区式布置。在地势高低相差较大的地区，当污水不能靠重力流至污水厂时，可采用分区式布置，如图 2-7 (d) 所示，分别在高区和低区敷设独立的管道系统。高区的污水靠重力直接流入污水厂，低区污水用泵抽送至高区干管或污水厂。这种布置只能用于个别阶梯地形或起伏很大的地区，其优点是能充分利用地形排水、节省能耗。

　　(5) 分散式布置。当城市周围有河流，或城市中央部分地势高，地势向四周倾斜的地区，各排水流域的干管常采用分散式布置，如图 2-7 (e) 所示，各排水流域具有独立的排水系统。这种布置具有干管长度短、管径小、管道埋深可能浅、便于污水灌溉等优点，但污水厂和泵站 (如需要设置时) 的数量将增多。在地形平坦的大城市，采用此种布置可能是比较有利的。

　　(6) 环绕式布置。在分散式布置的基础上，沿城市四周布置干管，将各干管的污水截流送至污水厂，称为环绕式布置，如图 2-7 (f) 所示。在环绕式布置中通过建造大型污水厂，避免修建多个小型污水厂，可减少占地、节省基建投资和运行管理费用等。

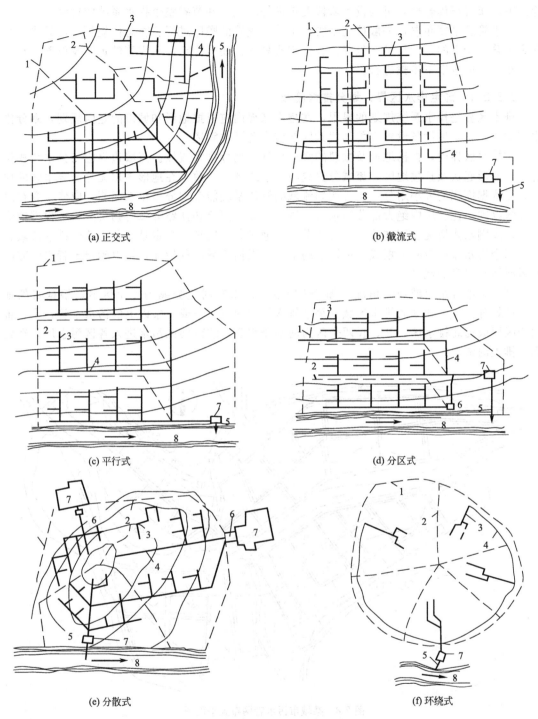

(a) 正交式　　　　　　　　　　　　(b) 截流式

(c) 平行式　　　　　　　　　　　　(d) 分区式

(e) 分散式　　　　　　　　　　　　(f) 环绕式

图 2-7　排水管网布置的具体形式

1—城市边界；2—排水流域分界线；3—支管；4—干管、主干管；5—出水口；6—泵站；7—处理厂；8—河流

2.3.2　污水管网布置

在进行城市污水管道的规划设计时，先要在城市总平面图上进行管道系统平面布置，也称排水管道系统的定线。主要内容有：确定排水区界，划分排水流域；选择污水厂和出水口的位置；拟订污水干管及主干管的路线；确定需要提升的排水区域和设置排水泵站的位置

等。平面布置正确合理，可为设计阶段奠定良好基础，并节省整个排水系统的投资。

污水管道平面布置，一般按主干管、干管、支管的顺序进行。在总体规划中，只决定污水主干管、干管的走向与平面位置。在详细规划中，还有决定污水支管的走向及位置。污水管网布置一般按以下步骤进行。

2.3.2.1 确定排水区界，划分排水流域

排水区界是排水系统规划的界限，在排水区界内应根据地形和城市的竖向规划，划分排水流域。凡是卫生设备设置完善的建筑区都应布置污水管道。

在排水区界内，根据地形及城镇的竖向规划，划分排水流域。流域边界应与分水线相符合。在地形起伏及丘陵地区，流域分界线与分水线基本一致。在地形平坦无显著分水线的地区，可依据面积的大小划分，使各相邻流域的管道系统能合理分担排水面积，应使干管在最大埋深以内，让流域内绝大部分污水自流排出。如有河流和铁路等障碍物贯穿，应根据地形情况，周围水体情况及倒虹管的设置情况等，通过方案比较，决定是否分为几个排水流域。

每个排水流域应有一根或一根以上的干管，根据流域高程情况，可以确定干管水流方向和需要污水提升的地区。

例如某市排水流域划分情况如图 2-8 所示。该市被河流分隔为 4 个区域，根据自然地形，可划分为 4 个独立的排水流域。每个排水流域内有 1 条或 1 条以上的污水干管，Ⅰ、Ⅲ两个区形成河北排水区，Ⅱ、Ⅳ两个区为河南排水区，北南两区污水进入各区污水厂，经处理后排入河流。

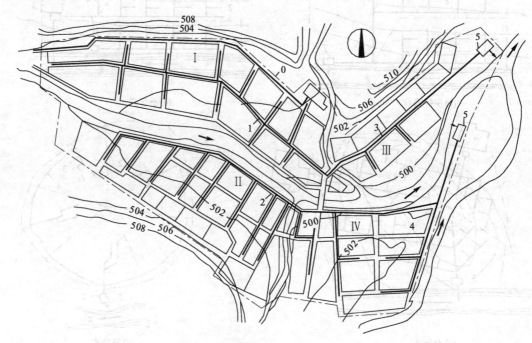

图 2-8　某城市污水管网布置平面图

0—排水区界；Ⅰ～Ⅳ—排水流域编号；1～4—各排水流域干管；5—污水厂

2.3.2.2 管道布置与定线

在进行定线时，要在充分掌握资料的前提下综合考虑各种因素，使拟订的路线能因地制宜地利用有利条件而避免不利条件。通常影响污水管平面布置的主要因素有：地形和水文地质条件；城市总体规划、竖向规划和分期建设情况；排水体制、线路数目；污水处理利用情况、处理厂和排放口位置；排水量大的工业企业和公建情况；道路和交通情况；地下管线和

构筑物的分布情况。

地形一般是影响管道定线的主要因素。定线时应充分利用地形，使管道的走向符合地形趋势，一般宜顺坡排水。在整个排水区域较低的地方敷设主干管及干管，便于支管的污水自流接入。地形较复杂时，宜布置成几个独立的排水系统。若地势起伏较大，宜布置成高低区排水系统，高区不宜随便跌水，利用重力排入污水厂，并减少管道埋深；个别低洼地区应局部提升。

污水主干管的走向与数目取决于污水厂和出水口的位置与数目。如大城市或地形平坦的城市，可能要建几个污水厂分别处理与利用污水，就需设几条主干管。小城市或地形倾向一方的城市，通常只设一个污水厂，则只需敷设一条主干管。若几个城镇合建污水厂，则需建造相应的区域污水管道系统。

污水干管一般沿城市道路布置。不宜设在交通繁忙的快车道下和狭窄的街道下，也不宜设在无道路的空地上，而通常设在污水量较大或地下管线较少一侧的人行道、绿化带或慢车道下。道路红线宽度超过40m的城镇干道，宜在道路两侧布置排水管道，以减少连接支管的数目及与其他管道的交叉，并便于施工、检修和维护管理。污水干管最好以排放大量工业废水的工厂（或污水量大的公共建筑）为起端，除了能较快发挥效用外，还能保证良好的水力条件。某城市污水管网布置如图2-9所示。

污水支管的平面布置取决于地形及街区建筑特征，并应便于用户接管排水。当街区面积不太大，街区污水管网可采用集中出水方式时，街道支管敷设在服务街区较低侧的街道下，

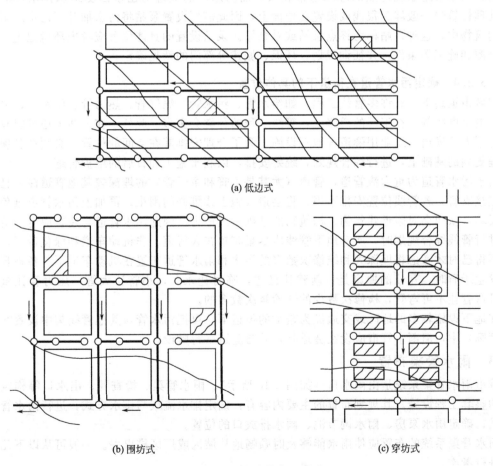

(a) 低边式

(b) 围坊式

(c) 穿坊式

图 2-9　污水支管布置形式

如图 2-9 （a）所示，称低边式布置；当街区面积较大且地形平坦时，宜在街区四周的街道敷设污水支管，如图 2-9 （b）所示，建筑物的污水排出管可与街道支管连接，称围坊式；街区已按规定确定，街区内污水管网按各建筑的需要设计，组成一个系统，再穿过其他街区并与所穿过街区的污水管网相连，如图 2-9 （c）所示，称为穿坊式布置。

2.3.2.3　控制点的确定和泵站的设置地点

在污水排水区域内，对管道系统的埋深起控制作用的地点称为控制点。如各条管道的起点大都是这条管道的控制点。这些控制点中离出水口最远的一点，通常就是整个系统的控制点。具有相当深度的工厂排出口或某些低洼地区的管道起点，也可能成为整个管道系统的控制点，这些控制点的管道埋深，影响整个污水管道系统的埋深。

确定控制点的埋深，一方面应根据城市的竖向规划，保证排水区域内各点的污水都能够排出，并考虑发展，在埋深上适当留有余地。另一方面，不能因照顾个别控制点而增加整个管道系统埋深。对此通常采取诸如加强管材强度，填土提高地面高程以保证最小覆土厚度，设置泵站提高管位等措施，以减小控制点埋深，从而减小整个管道系统的埋深，降低工程造价。

在排水管道系统中，由于地形条件等因素的影响，通常可能需设置中途泵站，局部泵站和终点泵站。当管道埋深接近最大埋深时，为提高下游管道的管底高程而设置的泵站，称为中途泵站。将低洼地区的污水抽升到地势较高地区管道中，这种抽升局部污水的泵站称为局部泵站；污水管道系统终点的埋深通常较大，而污水厂的处理后出水因受纳水体水位的限制，处理构筑物一般埋深很浅或设置在地面上，因此需要设置泵站将污水抽升至污水厂第一处理构筑物中，这种泵站称为终点泵站或总泵站。泵站设置的具体位置应考虑环境卫生、地质、电源和施工等条件，并征询规划、环保、城建等部门的意见确定。

2.3.2.4　确定污水管道在街道下的具体位置

在城市道路下，有许多管线工程，如给水管、污水管、煤气管、热力管、雨水管、电力电缆、电讯电缆等。在工厂的道路下，管线工程的种类会更多。此外，在道路下还可能有地铁、地下人行横道、工业用隧道等地下设施。为了合理安排其在空间的位置，必须在各项管线工程规划的基础上，进行综合规划，统筹安排，以利于施工和日后的维护管理。

由于污水管道为重力流管道，管道（尤其是干管和主干管）的埋深较其他管道深，且有很多连接支管，若管线位置安排不当，将会造成施工或维修的困难。再加上污水管道难免渗漏、损坏，从而会对附近建筑物、构筑物的基础造成危害。因此污水管道与建筑应有一定距离。进行管线综合规划时，所有地下管线应尽量布置在人行道、非机动车道和绿化带下，只有在不得已时才考虑将埋深大和维修次数多的污水和雨水管道布置在机动车道下。各种管线布置发生矛盾时，互让的原则是：新建让已建，临时让永久，小管让大管，压力管让重力管，可弯管让不可弯管，检修次数少的让检修次数多的。

在地下设施较多的地区或交通极为繁忙的街道下，可把污水管与其他管线集中设置在隧道（管廊）中，但雨水管道应设在隧道外，并与隧道平行敷设。

2.3.3　雨水管渠布置

城市雨水管渠系统是由雨水口（如图 2-10 所示）、雨水管渠、检查井、出水口等构筑物组成的整套工程设施。其规划布置的主要内容有：确定排水流域与排水方式，进行雨水管渠的定线；确定雨水泵房、雨水调节池、雨水排放口的位置。

雨水管渠系统的布置应使雨水能够及时顺畅地从城区或厂区排出去。一般可从以下几个方面进行考虑。

（1）充分利用地形，就近排入水体。规划雨水管线时，首先按地形划分排水区域，进行

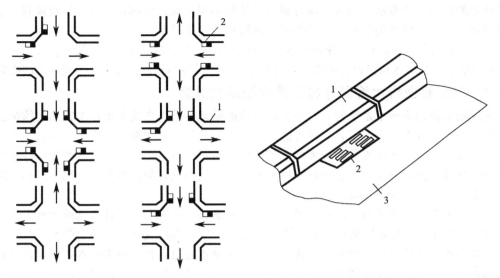

(a) 道路上雨水口的布置   (b) 到路边雨水口的布置

图 2-10　雨水口布置
1—路边石；2—进水箅；3—道路

管线布置。根据分散和直接的原则，多采用正交式布置，使雨水管渠尽量以最短的距离重力流排入附近的池塘、河流、湖泊等水体中。只有当水体位置较远且地形较平坦或地形不利的情况下，才需要设置雨水泵站。一般情况下，当地形坡度较大时，雨水干管宜布置在地形低处或溪谷线上。当地形平坦时，雨水干管宜布置在排水流域的中间，以便支管的接入，尽可能扩大重力流排除雨水的范围。

（2）根据城市规划布置雨水管道。通常应根据建筑物的分布、道路布置及街区内部的地形等布置雨水管道，使街区内绝大部分雨水能以最短距离排入街道低侧的雨水管道。雨水管道应平行于道路敷设，宜布置在人行道或绿化带下，不宜设在快车道或交通量大的干道下。若道路宽度大于 40m 时，可考虑在道路两侧分别设置雨水管道。雨水干管的平面和竖向布置应考虑与其他管线和地下构筑物在相交处相互协调，雨水管道与其他管线和构筑物在竖向布置上应满足最小静距的要求。

（3）合理布置雨水口，保证路面雨水排除顺畅。雨水口的布置应根据地形及汇水面积确定，一般道路交叉口的汇水点、低洼地段均应设置雨水口。以防止雨水漫过道路或造成道路及低洼地区积水而妨碍交通。此外在道路上雨水口的间距一般为 25~50m，在低洼和易积水的地段，应根据需要适当增加雨水口的数量。道路及交叉口处雨水口的布置如图 2-10 所示。

（4）雨水管渠采用明渠和暗管相结合的形式。在城市市区或工厂内，由于建筑密度较大，交通频繁，雨水管道应采用暗管，尽管造价高，但卫生情况良好，养护方便，不影响交通；在城市郊区或建筑密度低、交通量小的地方，可采用明渠，以节省工程费用，降低造价。但明渠易淤积，可能滋生蚊蝇，影响环境卫生。在地形平坦地区、埋设深度或出水口深度受限制的地区，可采用盖板明渠排除雨水。

（5）雨水出口的设置。雨水出口的布置有分散和集中两种布置形式。当出口的水体离流域很近，水体的水位变化不大，洪水位低于流域地面标高，出水口的建筑费用不大时，宜采用分散出口，以便雨水就近排放，使管线较短，减小管径。反之，则可采用集中出口。

（6）调蓄水体的布置。充分利用地势，选择适当的河湖水面和洼地作为调蓄池，以调节洪峰，降低沟道设计流量，减少泵站的设置数量。必要时，可以开挖池塘或人工河，以达到调节径流的目的。调蓄水体的布置应与城市总体规划相协调，把调蓄水体与景观规划、消防规划结合起来，亦可以把贮存的水量用于市政绿化和农田灌溉。

（7）排洪沟的设置。城市中靠近山麓建设的中心区、居民区、工业区，除了应设雨水管道外，应考虑在规划地区周围设置排洪沟，以拦截从分水岭以内排泄的洪水，避免洪水的损害。

2.3.4 工业企业排水管网与城市排水管网的关系

在规划工业企业排水系统时，对于工业企业的治理，首先应改革生产工艺和实施清洁生产，如采用无废水无害生产工艺，尽可能提高水的循环利用率和重复利用率，力求不排或少排废水。对于必须排除的废水，应采取下列措施：清污分流，生产污水和生产废水分别采用管道系统排除；按不同水质分别回收利用废水中的有用物质，创造财富；利用本厂和厂际的废水、废气、废渣，以废治废。

（1）当工业企业位于城市区域内时，应尽量考虑将工业废水直接排入城市排水系统，利用城市排水系统统一排除和处理。但并不是所有工业废水都能直接排入城市排水系统，因为有些工业废水往往含有有害和有毒物质，可能破坏排水管道，影响城市污水的处理以及造成运行困难等。所以工业废水能否直接排入城市排水系统并与城市污水合并处理，应考虑两者合并处理的可能性，以及对管道系统和运行管理产生的影响。

（2）工业废水接入城镇排水系统的水质，应按有关标准执行，不应影响城镇排水管渠和污水处理厂等的正常运行；不应对养护管理人员造成危害；不应影响处理后出水的再生利用和安全排放，不应影响污泥的处理和处置。

（3）当排除的工业废水不能满足上述要求时，应在厂区内设置废水局部处理设施，将废水处理满足要求后，再排入城市排水管道。当工业企业位于城市远郊区或距离市区较远时，符合排入城市排水管道的工业废水，是直接排入城市排水管道或是单独设置排水系统，应根据技术经济比较后确定。当工业废水直接排入水体时，水质应符合《污水综合排放标准》（GB 8978—2002）及有关其他标准。

2.3.5 废水综合治理和区域排水系统

2.3.5.1 废水综合治理

城市污水和工业废水是造成水体污染的一个重要污染源。实践证明，对废水进行综合治理并纳入水污染防治体系，是解决水污染的重要途径。

废水综合治理应当对废水进行全面规划和综合治理。主要内容是：有合理的生产布局和城市区域功能规划；合理利用水体、土壤等自然环境的自净能力；严格控制废水和污染物的排放量；做好区域性综合治理及建立区域排水系统等。

合理的生产布局，有利于合理开发和利用自然资源，达到既保证自然资源的充分利用，并获得最佳的经济效果，又能使自然资源和自然环境免受破坏，减少废水及污染物的排放量，有利于区域污染的综合防治。合理地规划居住区、商业区、工业区等，使产生废水和污染物的单位尽量布置在水源的下游，同时应搞好水源保护和污水处理工程规划等。

充分发挥和合理利用自然环境的自净能力。例如由生物氧化塘、贮存湖和污水灌溉田等组成的土地处理系统便是一种节省能源和合理利用水资源的经济有效方法，它又是生态系统物质循环和能量交换的一种经济高效的系统。

严格控制废水和污染物的排放量。尽量做到节约用水、废水重复使用及采用闭路循环系统、发展不用水或少用水或采用无污染或少污染生产工艺等，以减少废水及污染物的排放量。综合考虑水资源规划、水体用途、经济投资和自净能力，运用系统工程的方法，选择适当的污水处理措施，发展效率高、能耗少的新处理技术。

发展区域性废水及水污染综合整治系统。区域规划有利于对废水的所有污染源进行全面规划和综合整治以及水污染防治，有利于建立区域性排水系统。

2.3.5.2　区域排水系统

区域是按照地理位置、自然资源和社会经济发展情况划定的，可以在更大范围内统筹安排经济、社会和环境的发展关系。

将两个以上城镇地区的污水统一排除和处理的系统，称为区域排水系统。这种系统是以一个大型区域污水厂代替许多分散的小型污水厂，不仅能降低污水厂的基建和运行管理费用，而且能可靠地防止工业和人口稠密地区的地面水污染，改善和保护环境。实践证明，生活污水和工业废水的混合处理效果以及控制的可靠性，大型区域污水厂比分散的小型污水厂要高。在工业和人口稠密的地区，将全部对象的排水问题同本地区的国民经济发展、城市建设和工业扩大、水资源综合利用以及控制水体污染的卫生技术措施等各种因素进行综合考虑研究解决是经济合理的，区域排水系统是由局部单项治理发展至区域综合治理，是控制水污染、改善和保护环境的新发展。要解决好区域综合治理，应运用系统工程学的理论和方法以及现代计算技术和控制理论，对复杂的各种因素进行系统分析，建立各种模拟实验和数学模式，寻找污染控制的设计和管理的最优化方案。

图 2-11 为某地区的区域排水系统的平面示意图。区域内有 6 座已建和新建的城镇，在已建的城镇中均分别建了污水厂。按区域排水系统的规划，废除了原建的各城镇污水厂，用一个区域污水厂处理全区域排出的污水，并根据需要设置了泵站。

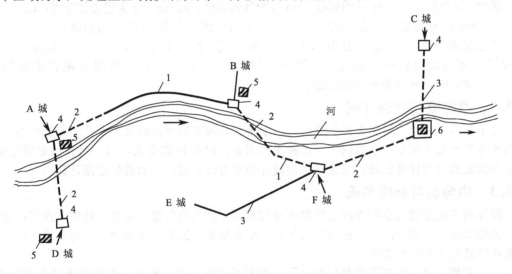

图 2-11　某地区的区域排水系统平面示意图

1—区域主干管；2—压力管道；3—新建城市污水干管；4—泵站；5—废除的城镇污水厂；6—区域污水厂

区域排水系统的优点有：污水厂数量少，处理设施大型化集中化，每单位水量的基建和运行管理费用低；污水厂占地面积小，节省土地；水质、水量变化小，有利于运行管理；河流等水资源利用与污水排放的体系合理化，而且可能形成统一的水资源管理系统体系等。区域排水系统的缺点有：当排入大量工业废水时，有可能使污水处理发生困难；工程设施规模大，组织与管理要求高，而且一旦污水厂运行管理不当，对整个河流影响较大。

在排水系统规划时，是否选择区域排水系统，应根据环境保护的要求，通过技术经济比较确定。

第3章

给水排水管网水力学基础

3.1 给水排水管网水流特征

3.1.1 管网中的流态分析

在水力学中，水在圆管中的流动有层流、过渡流和紊流三种流态，可以通过雷诺数进行判别。

$$Re = \frac{vd}{\rho g} \qquad (3-1)$$

式中，v 为流速，m/s；d 为管径，m；ρ 为液体密度，kg/m³；g 为重力加速度，m/s²。

当 $Re < 2000$ 为层流，当 $2000 \leqslant Re \leqslant 4000$ 为过渡流，当 $Re > 4000$ 为紊流。

给水排水管网中流速一般为 $0.5 \sim 1.5$m/s，管径一般为 $0.1 \sim 1.0$m，水温一般为 $5 \sim 25$℃，水的动力黏滞系数为 $(1.52 \sim 0.89) \times 10^{-6}$ m²/s，经计算得水流雷诺数约为 $33000 \sim 1680000$，显然处于紊流状态。

3.1.2 恒定流与非恒定流

由于用水量和排水量经常发生变化，给水排水管网中的水流经常处于非恒定流状态，特别是雨水排水及合流制排水管网中，各种水力因素随时间快速变化，属于明显的非恒定流。但是非恒定流水力计算比较，在管网工程设计和水力计算时，一般按恒定流计算。

3.1.3 均匀流与非均匀流

液体质点流速的大小和方向沿流程不变的流动，称为均匀流；反之，液体质点流速的大小和方向沿流程变化的流动，称为非均匀流。给水排水管道中的水流常为非均匀流，即水流参数往往随时间和空间变化。

对于满管流动，如果管道截面在一段距离内不变且不发生转弯，则管内流动为均匀流；而当管道在局部有交汇、转弯与变截面时，管内流动为非均匀流。均匀流的管道对水流的阻力沿程不变，水流的水头损失可以采用沿程水头损失公式进行计算；满管流的非均匀流动距离一般较短，采用局部水头损失公式进行计算。

非恒定流的水力计算复杂，因此明渠流或非满管流，只要长距离截面不变，也可以近似为均匀流，按沿程水头损失公式进行水力计算，对于短距离或特殊情况下的非均匀流动，则运用水力学理论按缓流或急流计算。

3.1.4 压力流与重力流

水体沿流程整个周界与固体壁面接触，而无自由液面，这种流动称为压力流或有压。水体沿流程一部分周界与固体壁面接触，另一部分与空气接触，具有自由液面，这种流动称为重力流或无压流。

压力流输水通过封闭的管道进行，水流阻力大小只与管道内壁粗糙程度有关、管道长度和流速有关，与管道埋设深度和坡度无关。压力流一般靠水的压能控制。重力流中水面与大气相通，非满流，水流阻力依靠水的位能克服，形成水面沿水流方向降低。重力流一般靠水的位能控制。

在给水排水管网系统中，给水管网系统多为压力流，在长距离输水工程中常出现重力流。排水管网系统多为重力流，在排水泵站及倒虹管处常出现压力流。

3.1.5 水流的水头与水头损失

3.1.5.1 水流水头

水头是指单位重量的流体所具有的机械能，一般用符号 h 或 H 表示，常用单位为米水柱（mH_2O），简写为米（m）。

水头分为位置水头、压力水头和流速水头三种形式。位置水头是指因为流体相对于基准面的高度所得的机械能，又称位能，表示单位重量液体的位置势能，用符号 z 表示；压力水头是断面压强作用使液体沿测压管所能上升的高度，又称压能，根据压力进行计算，即 P/γ；流速水头是不计射流本身重量和空气阻力时，以断面流速 v 为初速度的垂直上升射流所能达到的高度，又称动能，根据动能进行计算，即 $v^2/(2g)$。

位置水头和压力水头属于势能，其和称为测压管水头，表示断面测压管水面相对于基准面的高度。流速水头属于动能，测压管水头与流速水头之和为断面总水头。在给水排水管道中，测压管水头一般比流速水头大得多，因此在水力计算中，流速水头往往可以忽略不计。

3.1.5.2 水头损失

流体受固定界面的影响，导致断面流速分布不均匀，相邻流层间产生切应力，即流动阻力。流体克服阻力所消耗的机械能，称为水头损失。

当流体受固定边界限制做均匀流动时，流动阻力中只有沿程不变的切应力，称沿程阻力。由沿程阻力所引起的水头损失称为沿程水头损失。当流体的固定边界发生突然变化，引起流速分布或方向发生变化，从而集中发生在较短范围的阻力称为局部阻力。由局部阻力所引起的水头损失称为局部水头损失。

在给水排水管道中，由于管道长度较大，沿程水头损失一般远远大于局部水头损失，所以在进行管道水力计算时，一般忽略局部水头损失，或将局部阻力转换成等效长度的管道沿程水头损失进行计算。

3.2 管渠水头损失计算

3.2.1 沿程水头损失计算

（1）沿程水头损失常用谢才公式计算。

$$h_f = \frac{v^2}{C^2 R} l \tag{3-2}$$

式中，h_f 为沿程水头损失，m；v 为过水断面平均流速，m/s；C 为谢才系数；R 为过水断面水力半径，m，圆管流 $R=0.25D$；D 为直径，m；l 为管渠长度，m。

（2）对于圆管满流，沿程水头损失也可用达西公式计算。

$$h_f = \lambda \times \frac{l}{D} \times \frac{v^2}{2g} \tag{3-3}$$

式中，λ 为沿程阻力系数；D 为管段直径，m；g 为重力加速度，m^2/s。

沿程阻力系数或谢才系数与水流流态有关，一般只能采用经验公式或半经验公式计算。

目前国内外使用较广泛的公式如下。

① 海曾-威廉公式。适用于较光滑的圆管满流管紊流计算，主要用于给水管道水力计算。

$$\lambda = \frac{13.16gD^{0.13}}{C_w^{1.852}q^{0.148}}$$ (3-4)

式中，C_w 为海曾-威廉粗糙系数，见表3-1；q 为流量，m^3/s。

表3-1 海曾-威廉系数值

管道材料	C_w	管道材料	C_w
塑料管	150	新铸铁管、涂沥青或水泥的铸铁管	130
石棉水泥管	120~140	使用5年的铸铁管、焊接钢管	120
混凝土管、焊接钢管、木管	120	使用10年的铸铁管、焊接钢管	110
水泥衬里管	120	使用20年的铸铁管	90~100
陶土管	110	使用30年的铸铁管	75~90

将式(3-4)代入式(3-3)得

$$h_f = \frac{10.67q^{1.852}}{C_w^{1.852}D^{4.87}}l$$ (3-5)

② 舍维列夫公式。适用于旧铸铁管和旧钢管满管紊流，水温在10℃，常用于给水管道水力计算。

当 $v \geqslant 1.2m/s$ 时

$$\lambda = 0.00214\frac{g}{D^{0.3}}$$ (3-6)

当 $v < 1.2m/s$ 时

$$\lambda = 0.001824\frac{g}{D^{0.3}}\left(1+\frac{0.867}{v}\right)^{0.3}$$ (3-7)

将式(3-6)及式(3-10)代入式(3-3)分别得

当 $v \geqslant 1.2m/s$ 时

$$h_f = 0.00107\frac{v^2}{D^{1.3}}l$$ (3-8)

当 $v < 1.2m/s$ 时

$$h_f = 0.000912\frac{v^2}{D^{1.3}}\left(1+\frac{0.867}{v}\right)^{0.3}l$$ (3-9)

③ 巴甫洛夫斯基公式。适用于明渠流和非满流管道的计算，公式为

$$C = \frac{R^y}{n}$$ (3-10)

$$y = 2.5\sqrt{n} - 0.13 - 0.75\sqrt{R}(\sqrt{n} - 0.10)$$

式中，n 为管材粗糙系数，见表3-2。

表3-2 常用管材粗糙系数

管壁材料	n	管壁材料	n
铸铁管、陶土罐	0.013	浆砌砖渠道	0.015
混凝土管、钢筋混凝土管	0.013~0.014	浆砌块石渠道	0.017
水泥砂浆抹面渠道	0.013~0.014	干砌块石渠道	0.020~0.025
石棉水泥管、钢管	0.012	土明渠	0.025~0.030

将式(3-10)代入式(3-2)得

$$h_f = \frac{n^2 v^2}{R^{2y+1}} l \tag{3-11}$$

④ 曼宁（Manning）公式。曼宁公式是巴甫洛夫斯基公式中 $y=1/6$ 时的特例，适用于明渠或较粗糙的管道计算。

$$C = \frac{1}{n} R^{\frac{1}{6}} \tag{3-12}$$

将式(3-12)代入式(3-2)得

$$h_f = \frac{n^2 v^2}{R^{1.333}} l \tag{3-13}$$

或

$$h_f = \frac{10.29 n^2 q^2}{D^{5.333}} l \tag{3-14}$$

⑤ 柯尔勃洛克-怀特公式。适用于各种紊流，是适用性和计算精度最高的公式之一。

$$C = -17.7 \lg\left(\frac{e}{14.8R} + \frac{C}{3.53Re}\right) \tag{3-15}$$

或

$$\frac{1}{\sqrt{\lambda}} = -2\lg\left(\frac{e}{3.7D} + \frac{2.51}{Re\sqrt{\lambda}}\right) \tag{3-16}$$

式中，e 为管壁当量粗糙度，m，常用管材的 e 值见表3-3；Re 为雷诺数。

表3-3　管壁当量粗糙度　　　　单位：mm

管壁材料	光滑	平均	粗糙
玻璃拉成的材料	0	0.003	0.006
钢、PVC 或 AC	0.015	0.03	0.06
有覆盖的钢	0.03	0.06	0.15
久锌管、陶土管	0.06	0.15	0.3
铸铁或水泥衬里	0.15	0.3	0.6
预应力混凝土或木管	0.3	0.6	1.5
铆接钢管	1.5	3	6
脏的污水管道或结瘤的给水主线管	6	15	30
毛砌石头或土渠	60	150	300

式(3-15)和式(3-16)为隐函数形式，不便于手工计算和应用。为方便使用，可简化为显函数形式

$$C = -17.7 \lg\left(\frac{e}{14.8R} + \frac{4.462}{Re^{0.875}}\right) \tag{3-17}$$

或

$$\frac{1}{\sqrt{\lambda}} = -2\lg\left(\frac{e}{3.7D} + \frac{4.462}{Re^{0.875}}\right) \tag{3-18}$$

3.2.2　局部水头损失计算

管道的局部水头损失为

$$h_j = \zeta \frac{v^2}{2g} \tag{3-19}$$

式中，h_j 为局部水头损失，m；v 为过水断面的流速，m/s；ζ 为局部阻力系数，见表3-4。

表 3-4　局部阻力系数

局部阻力设施	ζ	局部阻力设施	ζ
全开闸阀	0.19	90°弯头	0.9
50%开启闸阀	2.06	45°弯头	0.4
截止阀	3～5.5	三通转弯	1.5
全开蝶阀	0.24	三通直流	0.1

根据经验，室外给水排水管网中的局部水头损失一般不超过沿程水头损失的 5%，因和沿程水头损失相比很小，所以在管网水力计算中，常忽略局部水头损失的影响，不会造成大的计算误差。

3.3　非满流管渠水力计算

3.3.1　非满流管道水力计算公式

流体具有自由表面，其重力作用下沿管渠的流动称为非满流。因为在自由水面上各点的压强为大气压强，其相对压强为零，所以又称为无压流。非满流管渠水力计算的目的，在于确定管渠的流量、流速、断面尺寸、充满度、坡度之间的水力关系。

非满流管渠内的水流状态基本上接近于均匀流，水力计算中一般都采用均匀流公式

$$v = C\sqrt{RI} \tag{3-20}$$

$$Q = Av = AC\sqrt{RI} \tag{3-21}$$

式中，Q 为流量，m^3/s；A 为过水断面积，m^2；v 为流速，m/s；R 为水力半径，m；I 为水力坡度（等于水面坡度，也等于管底坡度），m/m；C 为谢才系数或称流速系数。

C 值一般按曼宁公式计算，则式（3-20）和式（3-21）可分别写成

$$v = \frac{1}{n}R^{\frac{2}{3}}I^{\frac{1}{2}} \tag{3-22}$$

$$Q = \frac{1}{n}AR^{\frac{2}{3}}I^{\frac{1}{2}} \tag{3-23}$$

式中，n 为管壁粗糙系数，见表 3-5。

表 3-5　排水管渠粗糙系数

管渠类别	粗糙系数 n	管渠类别	粗糙系数 n
石棉水泥管、钢管	0.012	浆切砖渠道	0.015
木槽	0.012～0.014	浆切块石渠道	0.017
陶铁管，铸铁管	0.013	干切块石渠道	0.020～0.025
混凝土管、钢筋混凝土管、水泥砂浆抹面渠道	0.013～0.014	土明渠包括(带草皮)	0.025～0.030

3.3.2　非满流管渠水力计算方法

在非满流管渠水力计算的基本公式中，共有 q、d、h、i 和 v 五个变量，但只有式(3-22)和式(3-23)两个方程，因此必须已知其中任意三个变量，才可以求出另外两个变量。为简化计算，常采用水力计算图进行，将水力计算过程简化为查图表的过程。

水力计算图适用于混凝土及钢筋混凝土管道，其粗糙系数 $n=0.014$。每张图适用于一个指定的管径。图上的纵坐标表示坡度 i，即设计管道的管底坡度，横坐标表示流量 Q，图

中的曲线分别表示流量、坡度、流速和充满度间的关系。当选定管材与管径后，在流量 Q、坡度 I、流速 v、充满度 h/d 四个因素中，只要已知其中任意两个，就可由图查出另外两个。

【例 3-1】 已知 $n=0.014$，$D=300\text{mm}$，$I=0.004$，$Q=30\text{L/s}$，求 v 和 h/D。

【解】 采用 $D=300\text{mm}$ 的水力计算图。先找出 $I=0.004$ 的横线，再找出 $Q=30\text{L/s}$ 的竖线，两条线的交点落在流速 v 为 0.8m/s 与 0.85m/s 两条斜线之间，估计 $v=0.82\text{m/s}$；交点也落在 $h/D=0.5$ 与 0.55 两条斜线之间，估计 $h/D=0.52$。

【例 3-2】 已知 $n=0.014$，$D=400\text{mm}$，$Q=41\text{L/s}$，$v=0.9\text{m/s}$，求 I 和 h/D。

【解】 采用 $D=400\text{mm}$ 的水力计算图。先找出 $Q=41\text{L/s}$ 的竖线，再找出 $v=0.9\text{m/s}$ 的斜线，两条线的交点落在坡度 $I=0.0043$ 的横线上，则 $I=0.0043$；交点也落在 $h/D=0.35$ 与 0.40 两条斜线之间，估计 $h/D=0.39$。

【例 3-3】 已知 $n=0.014$，$D=300\text{mm}$，$Q=32\text{L/s}$，$h/D=0.55$，求 v 和 I。

【解】 采用 $D=300\text{mm}$ 的水力计算图。先找出 $Q=32\text{L/s}$ 的竖线，再找出 $h/D=0.55$ 的斜线，两条线的交点落在坡度 $I=0.0038$ 的横线上，则 $I=0.0038$；交点也落在 $v=0.8\text{m/s}$ 与 0.85m/s 两条斜线之间，估计 $v=0.81\text{m/s}$。

第4章

给水管网设计

4.1 设计用水量计算

4.1.1 最高日设计用水量

4.1.1.1 最高日设计用水量定额

用水量定额是指设计年限内达到的用水水平。它是确定设计用水量的主要依据，影响到给水系统相应设施的规模、工程投资、工程扩建的期限、今后水量保证等方面，应结合现状和规划并参照类似地区或企业的用水情况确定。

（1）综合生活用水。综合生活用水包括居民生活用水和公共建筑用水。

居民生活用水量由城市人口、每人每日平均生活用水和城市给水普及率等因素确定。这些因素随城市规模的大小而变化。通常住房条件较好、给水排水设备较完善、居民生活水平相对较高的大城市，生活用水量也较高。

居民生活用水定额和综合生活用水定额应根据当地国民经济和社会发展、水资源充沛程度、用水习惯，在现有用水定额基础上，结合城市总体规划和给水专业规划，本着节约用水的原则综合分析确定。当缺乏实际用水量资料的情况下，可按表1-1和表1-2选用。

（2）工业企业用水。工业生产用水一般是工业企业在生产过程中用于冷却、空调、制造、加工、净化和洗涤方面的用水。

设计年限内生产用水量的预测，可以根据工业用水的以往资料，按历年工业用水量增长率推算未来的水量，或根据单位工业产值的用水量、工业用水量增长率与工业产值的关系，或单位产值用水量与用水重复利用率的关系加以预测。

工业用水指标一般以万元产值用水量或单位产品用水量表示。不同类型的工业万元产值用水量不同。同类工业部门，由于管理水平提高、工艺条件改善和产品结构的变化，尤其是工业产值的增长，单耗指标会逐年降低。提高工业用水重复利用率，重视节约用水等也可以降低工业用水单耗。单位产品用水量可参照有关工业用水量定额。在缺乏资料时，可参考同类型企业用水指标。

工作人员生活用水包括工业企业建筑与管理人员的生活用水、车间工人的生活用水和淋浴用水。工业企业建筑与管理人员的生活用水定额可取 30~50L/（人·班）；车间工人的生活用水定额应争取车间性质确定，用水时间为8h，小时变化系数为1.5~2.5。工业企业建筑淋浴用水定额，应根据《工业企业设计卫生标准》（GBZ 1—2010）中的车间的卫生特征分级确定，一般可采用 40~60L/（人·班），延续供水时间为1h。

（3）浇洒道路和绿地用水。浇洒道路和绿地用水量应根据路面、绿化、气候和土壤等条件确定。浇洒道路用水可按浇洒面积以 2.0~3.0L/（m²·d）计算；浇洒绿地用水可按浇洒面积以 1.0~3.0L/（m²·d）计算，干旱地区可酌情增加。

（4）管网漏损水量。城镇配水管网的漏损水量宜按综合生活用水、工业企业用水、浇洒道路和绿地用水三项之和的 10%～12% 计算，当单位管长供水量小或供水压力高时可适当增加。

（5）未预见用水。未预见用水量应根据水量预测时难以预见因素的程度确定，一般可采用综合生活用水、工业企业用水、浇洒道路和绿地用水与管网漏损水量四项之和的 8%～12% 计算。

（6）消防用水。消防用水只在火灾时使用，历时短暂，但从数量上来说，它在城市用水量中占有一定的比例，尤其是中小城市，所占比例甚大。消防用水量、水压及延续时间等应按国家现行标准《建筑设计防火规范》（GB 50016—2006）及《高层民用建筑设计防火规范》（GB 50045—95）等设计防火规范执行。

城市或居住区的室外消防用水量，应按同时发生火灾的次数和一次火灾的用水量确定，见表 4-1。

表 4-1　城市或居住区同一时间内的火灾次数和一次灭火用水量

人数/万人	同一时间内的火灾次数/次	一次灭火用水量/(L/s)
≤1.0	1	10
≤2.5	1	15
≤5.0	2	25
≤10.0	2	35
≤20.0	2	45
≤30.0	2	55
≤40.0	2	65
≤50.0	3	75
≤60.0	3	85
≤70.0	3	90
≤80.0	3	95
≤100.0	3	100

注：城市的室外消防用水量应包括居住区、工厂、仓库、堆场、贮罐（区）和民用建筑的室外消火栓用水量。当工厂、仓库和民用建筑的室外消火栓用水量按表 4-2 的规定计算，其值与本表计算不一致时，应取其较大值。

工厂、仓库、堆场、贮罐（区）和民用建筑的室外消防用水量，应按同一时间内的火灾次数和一次灭火用水量确定，见表 4-2 和表 4-3。

表 4-2　工厂、仓库、堆场、贮罐（区）和民用建筑在同一时间内的火灾次数

名称	基地面积/hm²	居住区人数/万人	同一时间内的火灾次数/次	备　　注
工厂	≤100	≤1.5	1	按需水量最大的一座建筑物（或堆场、贮罐）计算
		>1.5	2	工厂、居住区各一次
	>100	不限	2	按需水量最大的两座建筑物（或堆场、贮罐）之和计算
仓库、民用建筑	不限	不限	1	按需水量最大的一座建筑物（或堆场、贮罐）计算

表 4-3　工厂、仓库和民用建筑一次灭火的室外消火栓用水量　　　　　单位：L/s

耐火等级	建筑物类别		建筑物体积 $V/(\times 10^3 \mathrm{m}^3)$					
			≤0.15	0.15~0.30	0.30~0.50	0.50~2.00	2.00~5.00	>5.00
一、二级	厂房	甲、乙类	10	15	20	25	30	35
		丙类	10	15	20	25	30	40
		丁、戊类	10	10	10	15	15	20
	库房	甲、乙类	15	15	25	25	—	—
		丙类	15	15	25	25	35	45
		丁、戊类	10	10	10	10	15	20
	民用建筑		10	15	15	20	25	30
三级	厂房（仓库）	乙、丙类	15	20	30	40	45	—
		丁、戊类	10	10	15	20	25	35
	民用建筑		10	15	20	25	30	—
四级	丁、戊类厂房（仓库）		10	15	20	25	—	—
	民用建筑		10	15	20	25	—	—

注：1. 室外消火栓用水量应按消防需水量最大的一座建筑物计算。成组布置的建筑物应按消防用水量较大的相邻两座计算。

2. 国家级文物保护单位的重点砖木或木结构的建筑物，其室外消火栓用水量应按三级耐火等级民用建筑的消防用水量确定。

3. 铁路车站、码头和机场的中转仓库其室外消火栓用水量可按丙类仓库确定。

4.1.1.2　最高日设计用水量计算

城市最高日设计用水量计算时，应包括设计年限内该给水系统所供应的全部用水，包括综合生活用水、工业企业用水、浇洒道路和绿地用水、管网漏损水量、未预见用水及消防用水。由于消防用水量是偶然发生的，因此在最高日设计用水量计算中不含消防用水量，仅作为设计校核用。

（1）最高日综合生活用水量 Q_1（m³/d）

$$Q_1 = \sum \frac{q_{1i}N_{1i}}{1000} \tag{4-1}$$

式中，q_{1i} 为城市各用水分区的最高日综合生活用水量定额，L/(cap·d)；N_{1i} 为设计年限内城市各用水分区的计划人口数，cap。

一般城市应按房屋卫生设备类型不同，划分成不同的用水区域，以分别选定用水量定额，使计算更准确。城市计划人口数往往并不等于实际用水人数，所以应按实际情况考虑用水普及率，以便得出实际用水人数。

（2）工业企业生产用水量 Q_2（m³/d）

$$Q_2 = \sum q_{2i}B_{2i}(1-f_{2i}) \tag{4-2}$$

式中，q_{2i} 为各工业企业最高日生产用水量定额，m³/万元、m³/产量单位或 m³/(生产设备单位·d)；B_{2i} 为各工业企业产值（万元/d）或产量（产品单位/d）或生产设备数量（生产设备单位）；f_{2i} 为各工业企业生产用水重复利用率。

（3）工业企业职工的生活用水和淋浴用水量 Q_3（m³/d）

$$Q_3 = \sum \frac{q_{3ai}N_{3ai}+q_{3bi}N_{3bi}}{1000} \tag{4-3}$$

式中，q_{2ai} 为各工业企业车间职工生活用水量定额，L/(人·班)；Q_{3bi} 为各工业企业车间职工淋浴用水量定额，L/（人·班）；N_{3ai}为各工业企业车间最高日职工生活用水总人数，人；N_{3bi}为各工业企业车间最高日职工淋浴用水总人数，人。

注意：N_{3ai}和N_{3bi}应计算全日各班人数之和，不同车间用水量定额不同时，应分别计算。

（4）浇洒道路和绿地用水量 Q_4（m^3/d）

$$Q_4 = \frac{q_{4a}N_{4a}f_4 + q_{4b}N_{4b}}{1000} \tag{4-4}$$

式中，q_{4a}为城市浇洒道路用水量定额，L/（m^2·次）；N_{4a}为城市最高日浇洒道路面积，m^2；f_4为城市最高日浇洒道路次数；q_{4b}为城市绿化用水量定额，L/（m^2·d）；N_{4b}为城市最高日绿化用水面积，m^2。

（5）管网漏损水量 Q_5（m^3/d）

$$Q_5 = (0.10 \sim 0.12)(Q_1 + Q_2 + Q_3 + Q_4) \tag{4-5}$$

（6）未预见水量 Q_6（m^3/d）

$$Q_6 = (0.08 \sim 0.12)(Q_1 + Q_2 + Q_3 + Q_4 + Q_5) \tag{4-6}$$

（7）消防用水量 Q_7（m^3/d）

$$Q_7 = \frac{q_7 f_7}{1000} \tag{4-7}$$

式中，q_7为一次灭火用水量，L/s；f_7为同一时间内发生的火灾次数。

（8）最高日设计用水量 Q_d（m^3/d）

$$Q_d = Q_1 + Q_2 + Q_3 + Q_4 + Q_5 + Q_6 \tag{4-8}$$

4.1.2 设计用水量变化及其调节计算

4.1.2.1 设计用水量变化规律的确定

无论生活用水还是生产用水，用水量都经常在变化。生活用水随生活习惯和气候而变化，如假日比平时用水多，夏季比冬季用水多；从我国大、中城市的用水情况来看，在一天内又以早晨起床后和晚饭前后用水量最多。又如工业企业的冷却用水量，随气温和水温变化，夏季明显多于冬季。

用水量定额只是一个平均值，在给水系统设计时，还必须考虑每日、每时的用水量变化。用水量变化规律可以用变化系数和变化曲线表示。在设计规定的年限内，用水量最多一日的用水量叫做最高日用水量。在设计规定的年限内。最高日用水量与平均日用水量的比值叫做日变化系数 K_d。在最高日内，最高 1h 用水量与平均时用水量的比值，叫做时变化系数 K_h。

（1）城镇供水的时变化系数、日变化系数应根据城市性质和规模、国民经济和社会发展、供水系统布局，结合现状供水曲线和日用水变化分析确定。在缺乏实际用水资料情况下，最高日城市综合用水的时变化系数宜采用 1.2～1.6；日变化系数宜采用 1.1～1.5。

（2）工业企业内工作人员的生活用水时变化系数为 2.5～3.0，淋浴用水量按每班延续用水 1h 确定变化系数。

（3）工业生产用水量一般变化不大，可以在最高日的工作时段内均匀分配。

4.1.2.2 二级泵站、二级泵站至管网的输水管及管网

二级泵站、二级泵站至管网的输水管等的设计流量，因根据有无水塔（高位水池）及设置的位置、用户用水量变化曲线及二级泵站工作曲线确定。

不设水塔时，二级泵站、二级泵站到管网的输水管及管网设计水量应按最高日最高时流量计算，见式（4-9）。不设水塔时，二级泵站任何小时的供水量 $Q_{泵}$（m^3/h）应等于用户的

用水量。

$$Q_{\text{泵}} = K_d \frac{Q_d}{T} \tag{4-9}$$

式中，K_d 为时变化系数；Q_d 为最高日设计用水量，m^3/d；T 为每日运行时间，h。

管网内设有水塔（或高位水池）时，首先应根据用户用水量变化曲线拟定二级泵站供水线，然后根据二级泵站供水线确定二级泵站、二级泵站到管网的输水管设计流量。设水塔（或高位水池）时，由于水塔可以调节二级泵站供水和用户用水之间的流量差，因此二级泵站每小时的供水量可以不等于用户每小时的用水量，但是设计的最高日泵站的总供水量应等于最高日用户总用水量。

管网起端设水塔（或高地水池）时，二级泵站及二级泵站到管网的输水管设计流量应按二级泵站的供水线最大一级供水量确定，管网仍按最高日最高时用水量设计。

网中或网后设水塔（或高地水池）时，二级泵站的设计流量仍按二级泵站的供水线最大一级供水量确定，二级泵站到管网的输水管设计流量应按最高日最高时流量减去水塔（或高地水池）输入管网的流量计算，管网仍按最高日最高时用水量设计。

4.1.2.3　清水池和水塔（或高地水池）

（1）清水池。清水池的主要作用在于调节一级泵站供水和二级泵站供水之间的流量差，并贮存消防用水和水厂生产用水。因此净水厂清水池的有效容积，应根据产水曲线、送水曲线、自用水量及消防贮水量等确定，并满足消毒接触时间的要求。其有效容积为

$$W = W_1 + W_2 + W_3 + W_4 \tag{4-10}$$

式中，W 为有效容积，m^3；W_1 为调节容积，由产水曲线、送水曲线确定，m^3；W_2 为消防储备水量，按 2h 火灾延续时间计算，m^3；W_3 为水厂冲洗沉淀池和滤池排泥等生产用水，为最高日用水量的 5%～10%，m^3；W_4 为安全贮量，m^3。

当管网无调节构筑物时，在缺乏资料的情况下，清水池的有效容积可按水厂最高日设计水量的 10%～20% 确定。对于大型水厂，采用小值。生产用水的清水池调节容积，可按工业生产调度、事故和消防等要求确定。

清水池的个数或分格数不得少于两个，并能单独工作和分别泄空；在有特殊措施能保证供水要求时，也可修建一个。

（2）水塔（或高地水池）。大中城市供水区域较大，供水距离远，为降低水厂输水泵站扬程，节省能耗，当供水区域有合适的位置合适和适宜的地形可建调节构筑物时，应进行技术经济比较，确定是否需要建调节构筑物（如高地水池、水塔或调节水池泵站等）。调节构筑物的容积应根据用水区域供需情况及消防贮水量等确定。当缺乏资料时，也可参照相似条件下的经验数据确定。

水塔的主要作用是调节二级泵站供水和用户名用水量之间的流量差值，并贮存 10min 的室内消防水量，因此水塔的有效容积应根据用水区域供需情况及消防贮水量等确定。

$$W = W_1 + W_2 \tag{4-11}$$

式中，W 为有效容积，m^3；W_1 为调节容积，由二级泵站供水线和用户用水量曲线确定，m^3；W_2 为消防贮水量，按 10min 室内消防用水量计算，m^3。

当缺乏用户用水量变化规律资料的情况下，水塔的有效容积也可凭运转经验确定，当泵站分级工作时，可按最高日设计水量的 2.5%～3% 或 5%～6% 设计计算，城市用水量大时取低值。工业用水可按生产上的要求（调度、事故及消防等）确定水塔的调节容积。

确定水塔（或高地水池）和清水池有着密切的联系。二级泵站供水线越接近用水线，则水塔容积越小，相应清水池容积就要适当放大。

4.2　流量分配与管径设计

4.2.1　沿线流量和节点流量

管网图形是由许多起点和管段组成的。节点包括泵站、水塔或高位水池等水源节点，不同管径或不同材料的管线交点，以及两管段交点或集中向大用户供水的点。两节点之间的管线称为管段。沿线流量是指供给该管段两侧用户所需流量。节点流量是从沿线流量折算出的并且假设是在节点集中流出的流量。在管网水力计算过程中，首先需求出沿线流量和节点流量。

4.2.1.1　沿线流量

城市给水管线，是在干管和分配管上接出许多用户，沿管线配水，沿线既有工厂、机关、旅馆等大量用水单位，也有数量很多但水量较少的居民用水，情况比较复杂，如图 4-1 所示。

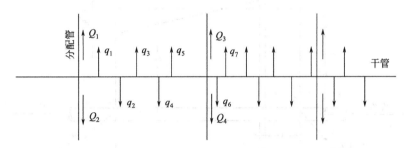

图 4-1　干管配水情况

如果按照实际用水情况来计算管网，不但很难做到，也没有必要，因为用户用水量是随时变化的。因此计算时往往加以简化，即假定用水量均匀分布在全部干管上，由此算出干管线单位长度的流量叫做比流量。

$$q_s = \frac{Q - \sum q}{\sum l} \tag{4-12}$$

式中，q_s 为比流量，L/(s·m)；Q 为管网总用水量，$\mathrm{m^3/s}$；$\sum q$ 为大用户集中用水量之和，$\mathrm{m^3/s}$；$\sum l$ 为干管总长度，穿越广场、公园等无建筑物地区的管线长度为 0，单侧配水管线长度按 50% 计算，m。

干管的总长度一定时，比流量随用水量增减而变化，最高用水时和最大转输时的比流量不同，所以在管网计算时需分别计算。城市内人口密度或房屋卫生设备条件不同的地区，也应该根据各区的用水量和干管线长度，分别计算其比流量，以得出比较接近实际用水的结果。

从比流量可求出各管段的沿线流量：

$$q_1 = q_s l \tag{4-13}$$

式中，q_1 为沿线流量，L/s；l 为该管段的长度，m。

但是按照用水量全部均匀分布在干管上的假定以求出比流量的方法，存在一定的缺陷。因为它忽视了沿线供水人数和用水量的差别，所以与各管段的实际配水量并不一致。为此提出另一种按该管段的供水面积决定比流量的计算方法，即将式（4-12）中的管段总长度 $\sum l$ 用供水区总面积 $\sum A$ 代替，得出的是以单位面积计算的比流量 q_A。这样任一管段的沿线流量，等于其供水面积和比流量 q_A 的乘积。供水面积可用角等分线的方法来划分街区。在街区长边上的管段，其两侧供水面积均为梯形。在街区短边上的管段，其两侧供水面积均为三角形。这种方法虽然比较准确，但计算较为复杂，对于干管分布比较均匀、干管间距大致相同的管网，并无必要按供水面积计算比流量。

4.2.1.2 节点流量

管网中任一管段的流量，由两部分组成：一部分是沿该管段长度 l 配水的沿线流量 q_1，另一部分是通过该管段输水到以后管段的转输流量 q_t。转输流量沿整个管段不变，而沿线流量由于管段沿线配水，所以管段中的流量顺水流方向逐渐减少，到管段末端只剩下转输流量。如图 4-2 所示，管段 1—2 起端 1 的流量等于转输流量 q_t 加沿线流量 q_1，到末端 2 只有转输流量 q_t，因此每一管段起点到终点的流量是变化的。对于流量变化的管段，难以确定管径和水头损失，所以有必要将沿线流量转化成从节点流出的流量。这样沿管线不再有流量流出，即管段中的流量不再沿管线变化，就可根据该流量确定管径。

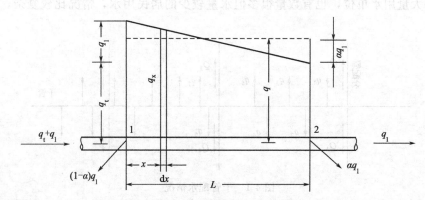

图 4-2　沿线流量折算成节点流量

沿线流量化成节点流量的原理是求出一个沿线不变的折算流量 q，使它产生的水头损失等于实际上沿管线变化的流量 q_x 产生的水头损失。

图 4-2 中的水平虚线表示沿线不变的折算流量 q

$$q = q_t + \alpha q_1 \tag{4-14}$$

式中，α 为折算系数，是把沿线变化的流量折算成在管段两端节点流出的流量，即节点流量的系数。

按沿线流量转化成节点流量的原理，经推导，可得到折算系数

$$\alpha = \sqrt{\gamma^2 + \gamma + \frac{1}{3}} - \gamma \tag{4-15}$$

$$\gamma = \frac{q_t}{q_1}$$

式（4-15）表明，折算系数 α 和 γ 值有关。在管网末端的管段，因转输流量 q_t 为零，则 $\gamma = 0$，得

$$\alpha = \sqrt{\frac{1}{3}} = 0.577$$

如果 $\gamma = 100$，即转输流量远大于沿线流量的管段（在管网的起端），折算系数为

$$\alpha = 0.50$$

由此可见，因管段在管网中的位置不同，γ 值不同，折算系数 α 值也不等。一般在靠近

管网起端的管段，因转输流量比沿线流量大得多，α 值接近于0.5，相反，靠近管网末端的管段，α 值大于0.50。为便于管网计算，通常统一采用 $\alpha=0.5$，即将沿线流量折半作为管段两端的节点流量，在解决工程问题时，已足够精确。

因此管网任一节点的节点流量为

$$q_i = \alpha \sum q_1 = 0.5 \sum q_1 \qquad (4\text{-}16)$$

即任一节点的节点流量 q_i 等于与该节点相连各管段的沿线流量 q_1 总和的一半。

城市管网中，工业企业等大用户所需流量，可直接作为接入大用户节点的节点流量。工业企业内的生产用水管网，用水量大的车间，用水量也可直接作为节点流量。

这样，管网图上只有集中在节点的流量，包括由沿线流量折算的节点流量和大用水户的集中流量。管网计算中，节点流量一般在管网计算图的节点旁引出箭头注明，以便于进一步计算。

4.2.2 管段设计流量

求出节点流量后，即可进行管网的流量分配，分配到各管段的流量已经包括了沿线流量和转输流量。求出各管段流量后，即可根据该流量确定管径和进行水力计算，所以流量分配在管网计算中是一个重要环节。

4.2.2.1 树状网

单水源的树状网中，从水源（二级泵站、高地水池等）供水到各节点的水流方向只有一个，如果任一管段发生事故时，该管段以后的地区就会断水，因此任一管段的流量等于该管段以后（顺水流方向）所有节点流量的总和，如图4-3所示。

管段3—4的流量：

$$q_{3-4} = q_4 + q_5 + q_8 + q_9 + q_{10}$$

可见树状网的流量分配比较简单，各管段的流量容易确定，并且每一管段只有唯一的流量值。

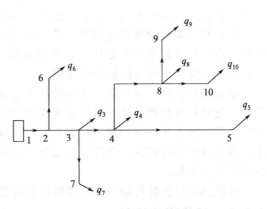

图4-3　树状网流量分配

注：$q_1 \sim q_{10}$ 分别为各节点的流量

4.2.2.2 环状网

环状网如图4-4所示，其流量分配比较复杂。因各管段的流量与以后各节点流量没有直接的联系。但环状网流量分配时必须保持每一节点的水流连续性，也就是流向任一节点的流量必须等于流离该节点的流量，以满足节点流量平衡的条件，用公式表示为

$$q_i + \sum q_{ij} = 0 \qquad (4\text{-}17)$$

式中，q_i 为节点 i 的节点流量，L/s；q_{ij} 为从节点 i 到节点 j 的管段流量，L/s。

假定离开节点的管段流量为正，流向节点的为负。

以图4-4中的节点1为例，离开节点的流量为 q_1、q_{1-2}、q_{1-4}，流向节点的流量为 Q，根据式（4-17）得

$$-Q + q_1 + q_{1-2} + q_{1-4} = 0$$

或

$$Q - q_1 = q_{1-2} + q_{1-4}$$

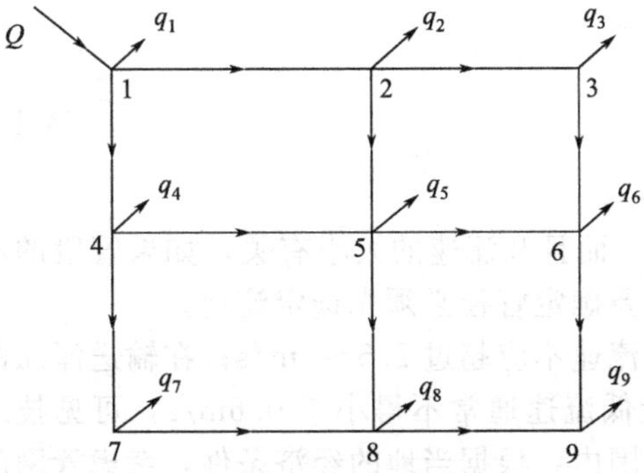

图4-4　环状网流量分配

注：$q_1 \sim q_9$ 分别为各节点的流量

可见对节点 1 来说，即使进入管网的总流量 Q 和节点流量已知，各管段的流量，如 q_{1-2}、q_{1-4} 还可以有不同的分配，既有不同的管段流量。假设在分配流量时，对其中的一条，例如管段 1—2 分配很大的流量 q_{1-2}，而另一管段 1—4 分配很小的流量 q_{1-4}，因 $q_{1-2} + q_{1-4}$ 仍等于 $Q-q_1$，即保持水流的连续性，这时敷管费用虽然比较经济，但明显和安全供水产生矛盾。因为当流量很大的管段 1—2 损坏需要检修时，全部流量必须在管段 1—4 中通过，使该管段的水头损失过大，从而影响到整个管网的供水量或水压。

因此环状网流量分配时，应同时考虑经济性和可靠性。经济性是指流量分配得到的管径，应使一定年限内的管网建造费用和管理费用为最小。可靠性是指能向用户不间断地供水，并且保证应有的水量、水压和水质。很清楚，经济性和可靠性之间往往难以兼顾，一般只能在满足可靠性的要求下，力求管网最为经济。

环状网流量分配的步骤如下。

(1) 按照管网的主要供水方向，初步拟订各管段的水流方向，并选定整个管网的控制点。控制点是管网正常工作时和事故时必须保证所需水压的点，一般选在给水区内离二级泵站最远或地形较高之处。

(2) 为了可靠供水，从二级泵站到控制点之间选定几条主要的平行干管线，这些平行干管中尽可能均匀地分配流量，并且符合水流连续性即满足节点流量平衡的条件。这样当其中一条干管损坏，流量由其他干管转输时，不会使这些干管中的流量增加过多。

(3) 与干管线垂直的连接管，其作用主要是沟通平行干管之间的流量。有时起一些输水作用，有时只是就近供水给用户，平时流量一般不大，只有在干管损坏时才转输较大的流量，因此连接管中可分配较少的流量。

多水源的管网，应由每个水源的供水量定出其大致供水范围，初步确定各水源的供水分界线，然后从各水源开始，循供水主流方向按每一节点符合 $q_i + \sum q_{ij} = 0$ 的条件，以及经济和安全供水的考虑，进行流量分配。位于分界线上各节点的流量，往往由几个水源同时供给。各水源供水范围内的全部节点流量加上分界线上由该水源供给的节点流量之和，应等于该水源的供水量。

环状网流量分配后即可得出各管段的计算流量，由此流量即可确定管径。

4.2.3　管段直径设计

管网流量分配后得到了各个管段的计算流量，由于管径 $D(\text{m})$ 与设计流量 $q(\text{m}^3/\text{s})$ 的关系为

$$q = Av = \frac{\pi D^2}{4} v \tag{4-18}$$

式中，v 为流速，m/s；A 为水管断面积，m^2。

因此各管段的管径按式 (4-18) 计算

$$D = \sqrt{\frac{4q}{\pi v}} \tag{4-19}$$

式中，D 为管段直径，m；q 为管段流量，m^3/s。

从式 (4-19) 可知，管径不但和管段流量有关，而且和流速的大小有关，如果管段的流量已知，但是流速未定，管径还是无法确定，因此要确定管径必须先选定流速。

为了防止管网因水锤现象出现事故，最大设计流速不应超过 $2.5 \sim 3\text{m/s}$；在输送浑浊的原水时，为了避免水中悬浮物质在水管内沉积，最低流速通常不得小于 0.6m/s，可见技术上允许的流速幅度是较大的。因此需在上述流速范围内，根据当地的经济条件，考虑管网的造价和经营管理费用，来选定合适的流速。

从式 (4-19) 可以看出，流量已定时，管径和流速的平方根成反比。流量相同时，如果

流速取得小些，管径相应增大，此时管网造价增加，可是管段中的水头损失却相应减小，因此水泵所需扬程可以降低，水电费可以节约。如果流速用得大些，管径虽然减小，管网造价有所下降，但因水头损失增大，经常的电费势必增加。因此一般采用优化方法求得流速或管径的最优解，在数学上表现为求一定年限 t（称为投资偿还期）内管网造价和管理费用（主要是电费）之和为最小的流速，称为经济流速，以此来确定管径。

设 C 为一次投资的管网造价，M 为每年管理费用，则在投资偿还期 t 年内的总费用

$$W_t = C + Mt \tag{4-20}$$

管理费用中包括电费 M_1 和折旧费（包括大修理费）M_2，因后者和管网造价有关，按管网造价的百分数计，可表示为 $\frac{p}{100}C$，由此得出

$$W_t = C + \left(M_1 + \frac{p}{100}C\right)t \tag{4-21}$$

式中，p 为管网的折旧和大修率，以管网造价的%计。

如以一年为基础求出年折算费用，即有条件地将造价折算为一年的费用，则得年折算费用公式为

$$W = \frac{C}{t} + M = \left(\frac{1}{t} + \frac{p}{100}\right)C + M_1 \tag{4-22}$$

管网造价和管理费用都和管径有关。当流量已知时，则造价和管理费用与流速 v 有关，因此年折算费用既可以用流速 v 的函数，也可以用管径 D 的函数表示。流量一定时，如管径 D 增大（v 相应减小），则式（4-22）中右边第 1 项管网造价和折旧费增大，而第 2 项电费减小。这种年折算费用 W 和管径 D 以及年折算费用 W 和流速 v 的关系，分别如图 4-5 和图 4-6 所示。

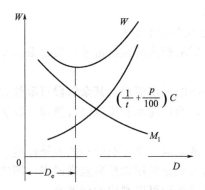

图 4-5 年折算费用和管径的关系

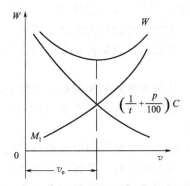

图 4-6 年折算费用和流速的关系

从图 4-5 和图 4-6 可见，年折算费用 W 存在最小值，其相应的管径和流速称为经济管径 D_e 和经济流速 v_e。各城市的经济流速值应按当地条件，如水管材料和价格、施工费用、电费等来确定，不能直接套用其他城市的数据。另一方面，管网中各管段的经济流速也不一样，需随管网图形、该管段在管网中的地位、该管段流量和管网总流量的比例等决定。

由于实际管网的复杂性，加之情况在不断变化，例如用水量不断增长，管网逐步扩展，许多经济指标如水管价格、电费等也随时变化，要从理论上计算管网造价和年管理费用相当复杂，且有一定的难度。在条件不具备时，设计中也可采用平均经济流速来确定管径，得出的是近似经济管径，见表 4-4，或参考表 4-5 所列输水管经济流速。

表 4-4 平均经济流量

管径/mm	平均经济流速/(m/s)	管径/mm	平均经济流速/(m/s)
100~400	0.6~0.9	≥400	0.9~1.4

表 4-5 输水管经济流速 单位：m/s

管材	电价/[元/(kW·h)]	设计流速/(L/s)											
		10	25	50	100	200	300	400	500	750	1000	1500	2000
球墨铸铁管	0.4	0.99	1.09	1.18	1.27	1.37	1.43	1.48	1.51	1.58	1.63	1.71	1.76
	0.6	0.87	0.97	1.04	1.13	1.22	1.27	1.31	1.35	1.41	1.45	1.52	1.57
	0.8	0.80	0.89	0.96	1.04	1.12	1.17	1.21	1.24	1.29	1.33	1.40	1.44
	1.0	0.75	0.83	0.90	0.97	1.05	1.09	1.13	1.16	1.21	1.25	1.31	1.35
普通铸铁管	0.4	0.95	1.05	1.14	1.23	1.33	1.40	1.45	1.48	1.55	1.61	1.68	1.74
	0.6	0.84	0.93	1.01	1.10	1.19	1.24	1.28	1.32	1.38	1.43	1.50	1.55
	0.8	0.77	0.86	0.93	1.01	1.09	1.14	1.18	1.21	1.27	1.31	1.38	1.42
	1.0	0.72	0.80	0.87	0.94	1.01	1.07	1.11	1.14	1.19	1.23	1.29	1.32
钢筋混凝土管	0.4	1.23	1.29	1.33	1.38	1.43	1.46	1.48	1.50	1.53	1.55	1.58	1.60
	0.6	1.08	1.13	1.17	1.21	1.26	1.28	1.30	1.32	1.34	1.36	1.39	1.41
	0.8	0.99	1.03	1.07	1.11	1.15	1.17	1.19	1.21	1.23	1.24	1.27	1.29
	1.0	0.92	0.96	1.00	1.03	1.07	1.09	1.11	1.12	1.14	1.16	1.18	1.20

选取经济流速和确定管径时，可以考虑以下原则。

(1) 大管径可取较大的经济流速，小管径可取较小的经济流速。

(2) 管径设计流量占整个管网供水流量比例较小时取较大的经济流速，反之取较小的经济流速。

(3) 从供水泵站到控制点的管线上的管段可取较小的经济流速，其余管段可取较大的经济流速，如输水管必位于供水泵站到控制点的管线上，所以输水管所取经济流速应较管网中的管段小。

(4) 管线造价较高而电价相对较低时取较大的经济流速，反之取较小的经济流速。

(5) 重力供水时，各管段的经济管径或经济流速按充分利用地形高差来确定，即应使输水管渠和管网通过设计流量时的水头损失总和等于或略小于可以利用的标高差。

(6) 根据经济流速计算出的管径如果不符合市售标准管径时，可以选用相近的标准管径，或按表 4-7 所列界限管径选取标准管径更佳。

(7) 当管网有多个水源或设有对置水塔时，在各水源或水塔供水的分界区域，管段设计流量可能特别小，选择管径时要适当放大，因为当各水源供水流量比例变化或水塔转输（即进水）时，这些管段可能需要输送较大的流量。

(8) 重要的输水管，如从水厂到用水区域的输水管，或向远离主管网大用户供水的输水管，在未连成环状网且输水末端没有保证供水可靠性的贮水设施时，应采用平行双条管道，每条管道直径按设计流量的 50%确定。另外对于较长距离的输水管，中间应设置两处以上的连通管，并安装切换阀门，以便发生事故时能够局部隔离，保证达到 70%以上供水量要求。

4.3　管网计算方法分类

给水管网计算实质上是联立求解连续性方程、能量方程和管段压降方程。

在管网水力计算时，根据求解的未知数是管段流量还是节点水压，可以分为解环方程、解节点方程和解管段方程三类，在具体求解过程中可采用不同的算法。

(1) 解环方程。管网经流量分配后，各节点已满足连续性方程，可是由该流量求出的管段水头损失，并不同时满足 L 个环的能量方程，为此必须多次将各管段的流量反复调整，直到满足能量方程，从而得出各管段的流量和水头损失。

解环方程时，哈代-克罗斯（Hardy Gross）法是其中常用的一种算法。由于环状网中，环数少于节点数和管段数，相应的以环方程数为最少，因而成为手工计算时的主要方法。

(2) 解节点方程。解节点方程是在假定每一节点水压的条件下，应用连续性方程以及管段压降方程，通过计算调整，求出每一节点的水压。节点的水压已知后，即可以从任一管段两端节点的水压差得出该管段的水头损失，进一步从流量和水头损失之间的关系算出管段流量。工程上常用的算法有哈代-克罗斯法。

解节点方程是应用计算机求解管网计算问题时，应用最广的一种算法。

(3) 解管段方程。该法是应用连续性方程和能量方程，求得各管段流量和水头损失，再根据已知节点水压求出其余各节点水压。大中城市的给水管网，管段数多达数百甚至数千条，需借助计算机才能快速求解。

4.4　树状网计算

城市和工业企业给水管网在建设初期往往采用树状网，以后随着城市和用水量的发展，可根据需要逐步连接成环状网并建设多水源。树状网计算比较简单，主要原因是管段流量可以由节点流量连续性方程直接解出，不用求解非线性的能量方程组。由于树状网各管段流量唯一，当任一管段的流量确定后，即可按经济流速求出管径，并求得水头损失。

树状网水力计算的步骤如下。

(1) 用流量连续性条件计算管段流量，并计算出管段压降。

(2) 根据管段能量方程和管段压降，从定压节点出发推求各节点水头。

求管段流量一般采用逆推法，即从离树根较远的节点逐步推向离树根较近的节点，按此顺序用节点流量连续性方程求管段流量时，都只有一个未知量，因而可以直接解出。求节点水头一般从定压节点开始，根据管段能量方程求得节点管段水头损失，逐步推算相邻的节点压力。

【例 4-1】 某城市供水区用水人口 5 万人，最高日用水量定额为 150 L/(人·d)，要求最小服务水头为 157kPa（15.7m）。节点 4 接某工厂，工业用水量为 400m^3/d，两班制，均匀使用。城市地形平坦，地面标高为 5.00m，管网布置如图 4-7 所示。

【解】(1) 总用水量。设计最高日生活用水量：

$$50000 \times 0.15 = 7500m^3/d = 312.5m^3/h = 86.81L/s$$

工业用水量：

$$\frac{400}{16} = 25m^3/h = 6.94L/s$$

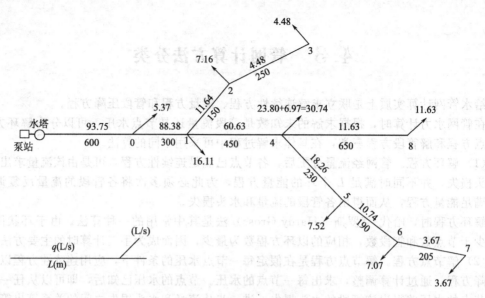

图 4-7 树状网计算图

总水量为：

$$\sum Q = 86.81 + 6.94 = 93.75 \text{L/s}$$

（2）管线总长度 $\sum L = 3025 \text{m}$，其中水塔到节点 0 的管段两侧无用户。

（3）比流量

$$q_s = \frac{93.75 - 6.94}{3025 - 600} = 0.0358 \text{L/(m · s)}$$

（4）沿线流量见表 4-6。

表 4-6 沿线流量计算

管 段	管段长度/m	沿线流量/(L/s)
0~1	300	×0.0358=10.74
1~2	150	5.37
2~3	250	8.95
1~4	450	16.11
4~8	650	23.27
4~5	230	8.23
5~6	190	6.80
6~7	205	7.34
合计	2425	86.81

（5）节点流量，见表 4-7。

表 4-7 节点流量计算

节 点	节点流量/(L/s)
0	$\frac{1}{2} \times 10.74 = 5.37$
1	$\frac{1}{2} \times (10.74 + 5.37 + 16.11) = 16.11$
2	$\frac{1}{2} \times (5.37 + 8.95) = 7.16$

节 点	节点流量/(L/s)
3	$\frac{1}{2} \times 8.95 = 4.48$
4	$\frac{1}{2} \times (16.11 + 23.27 + 8.23) = 23.80$
5	$\frac{1}{2} \times (8.23 + 6.80) = 7.52$
6	$\frac{1}{2} \times (6.80 + 7.34) = 7.07$
7	$\frac{1}{2} \times 7.34 = 3.67$
8	$\frac{1}{2} \times 23.27 = 11.63$
合计	86.81

（6）因城市用水区地形平坦，控制点选在离泵站最远的节点 8。干管各管段的水力计算见表 4-8。管径按平均经济流速确定，见表 4-9。

表 4-8　干管水力计算

干 管	流 量 /(L/s)	流 速 /(m/s)	管 径 /mm	水头损失 /m
水塔～0	93.75	0.75	400	1.27
0～1	88.38	0.70	400	0.56
1～4	60.63	0.86	300	1.75
4～8	11.63	0.66	150	3.95
				$\sum h = 7.53$

表 4-9　支线水力计算

管 段	流量/(L/s)	管径/mm	i	h/m
1～2	11.64	150	0.00617	1.85
2～3	4.48	100	0.00829	2.07
4～5	18.26	200	0.00337	0.64
5～6	10.74	150	0.00631	1.45
6～7	3.67	100	0.00581	1.19

（7）干管上各支管接出处节点的水压标高计算如下。

节点 4：16.00＋5.00＋3.95＝24.95m

节点 1：24.95＋1.75＝26.70m

节点 0：26.70＋0.56＝27.26m

水塔：27.26＋1.27＝28.53m

各支线的允许水力坡度为：

$$i_{1-3} = \frac{26.70 - (16+5)}{150 + 250} = \frac{5.70}{400} = 0.01425$$

$$i_{4-7} = \frac{24.95 - (16+5)}{230 + 190 + 205} = \frac{3.95}{625} = 0.00632$$

参照水力坡度和流量选定支线各管段的管径时，应注意市售标准管径的规格，还应注意支线各管段水头损失之和不得大于允许的水头损失，例如支线 4—5—6—7 的总水头损失为

3.28m，而允许的水头损失按支线起点和终点的水压标高差计算为 3.95 m。符合要求，否则需调整管径重新计算，直到满足要求为止。由于标准管径的规格不多，可供选择的管径有限，所以调整的次数不多。

4.5 环状网计算

4.5.1 环状网计算原理

管网计算目的在于求出各水源节点（如泵站、水塔等）的供水量、各管段中的流量和管径以及全部节点的水压。

首先分析环状网水力计算的条件。对于任何环状网，管段数 P、节点数 J（包括泵站、水塔等水源节点）和环数 L 之间存在下列关系：

$$P = J + L - 1 \tag{4-23}$$

管网计算时，节点流量、管段长度、管径和阻力系数等为已知，需要求解的是管网各管段的流量或水压，所以 P 个管段就有 P 个未知数。由式（4-23）可知，环状网计算时必须列出 $J + L - 1$ 个方程，才能求出 P 个流量。

管网计算的原理是基于质量守恒和能量守恒，由此得出连续性方程和能量方程。

所谓连续性方程，就是对任一节点来说，流向该节点的流量必须等于从该节点流出的流量，如式（4-17）中所示。式（4-17）中的 q_{ij} 值的符号可以任意假定，这里采用离开节点的流量为正，流向节点的流量为负的规定。连续性方程是和流量成一次方关系的线性方程。如管网有 J 个节点，只可以写出类似于式（4-17）的独立方程 $J - 1$ 个。因为其中任一方程可从其余方程导出

$$\left. \begin{array}{l} (q_i + \sum q_{ij})_1 = 0 \\ (q_i + \sum q_{ij})_2 = 0 \\ \vdots \\ (q_i + \sum q_{ij})_{J-1} = 0 \end{array} \right\} \tag{4-24}$$

能量方程表示管网每一环中各管段的水头损失总和等于零的关系。这里采用水流顺时针方向的管段，水头损失为正，逆时针方向的为负。由此得出

$$\left. \begin{array}{l} \sum(h_{ij})_{\mathrm{I}} = 0 \\ \sum(h_{ij})_{\mathrm{II}} = 0 \\ \vdots \\ \sum(h_{ij})_L = 0 \end{array} \right\} \tag{4-25}$$

式中，Ⅰ，Ⅱ，…，L 为管网各环的编号。

如水头损失用指数公式 $h = sq^n$ 表示时，则式（4-25）可写成

$$\left. \begin{array}{l} \sum(s_{ij}q_{ij}^n)_{\mathrm{I}} = 0 \\ \sum(s_{ij}q_{ij}^n)_{\mathrm{II}} = 0 \\ \vdots \\ \sum(s_{ij}q_{ij}^n)_L = 0 \end{array} \right\} \tag{4-26}$$

表示管段流量和水头损失的关系，可由 $h = sq^n$ 导出

$$q_{ij} = (h_{ij}/s_{ij})^{\frac{1}{n}} = \left(\frac{H_i - H_j}{s_{ij}} \right)^{\frac{1}{n}} \tag{4-27}$$

式中，下标 i、j 为从节点 i 到节点 j 的管段；H_i、H_j 为节点 i 和 j 对某一基准点的水

压，m；h_{ij} 为节点 $i—j$ 的水头损失，m；s_{ij} 为管段 $i—j$ 摩阻。

将式（4-27）代入连续性方程（4-17）中得流量和水头损失的关系有

$$q_i = \sum_{1}^{N}\left[\pm\left(\frac{H_i - H_j}{s_{ij}}\right)^{\frac{1}{n}}\right] \tag{4-28}$$

式中，N 为连接该节点的管段数。

中括号内的正负号由进出该节点的各管段流量方向而定，这里假定流离节点的管段流量为正，流向节点时为负。

4.5.2 管网平差软件的应用

由于环状网的流量分配比较复杂，同时水头损失又不是线性关系，因此环状网的手工计算比较困难，特别是当其节点和管段数目较多时。因此选用一些商用软件进行管网（包括树状网和环状网）平差计算可以大大减轻工作强度。现以 NetCal 管网平差计算软件为例讲述计算过程，软件界面如图 4-8 所示。

图 4-8　NetCal 管网平差计算软件界面

（1）数据准备。对于给定的管网，应该首先对各个节点和管段进行标号，要按照节点和管段的连接顺序进行标号，可以节省程序计算时所需的存储空间。对于节点要确定压力和流量，管段要确定管径、长度、阻力系数、起止节点，水泵确定扬程、摩阻、对应节点或管段。

（2）新建工程。新建工程选择"文件"菜单中的"新建工程"选项，或直接选择对应的工具条按钮。新建工程对话框为一个多页控制，应输入正确的节点、管段和水泵数目，选择正确的计算公式和计算精度。

（3）输入数据。新建工程后，主界面的多页控制中将会出现三页数据表格，分别对应节点、管段和水泵，可在对应表格中输入对应的数据。输入时可添加、删除、插入记录。请注意对应数据的单位（状态条中有显示）。

① 节点数据输入。节点表格中只有地面标高、已知水压、已知流量三列可以输入，其中地面标高可以不输入，而已知水压和已知流量必输其一。不要求已知压力节点编号为最大。

② 管段数据输入。管段数据需要输入管径、长度、阻力系数、起始节点、终止节点。起始节点不要求小于终止节点。

③ 水泵数据输入。每台水泵需要输入扬程、摩阻（对应于升/秒的流量），对于水源泵站，需要输入所在节点；对于加压泵站，需要输入所在管段和加压方向，即与所在管段假定流向是否一致。如加压泵站不在一条管段上，可虚拟一条阻力很小的管段。

（4）平差计算。数据输入结束后，可直接选择"功能"菜单中的"计算"进行计算，如需改变计算参数，可选择"功能"菜单中的"选项"进行调整。

（5）输出结果。计算结束后，可将计算结果直接打印输出，或输出到一个文本文件，调整后输出。

【例 4-2】 某给水管网如图 4-9 所示，水源、泵站、水塔、节点设计流量、管段长度等均标于图中，节点地面标高及自由水压要求见表 4-10。试计算：

（1）管网的控制点；

（2）设计管段直径（标准管径为 100mm、200mm、300mm、400mm、500mm）；

（3）水泵的设计参数。

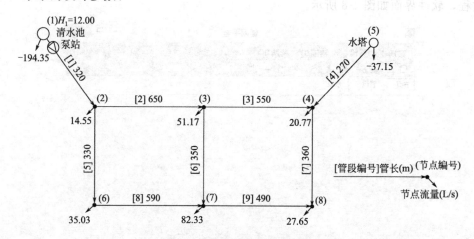

图 4-9　某给水管网设计参数

表 4-10　某给水管网设计节点数据

节点编号	1	2	3	4	5	6	7	8
地面标高/m	13.60	18.80	19.10	22.00	32.20	18.30	17.30	17.50
要求自由水压/m	—	24.00	28.00	24.00	—	28.00	28.00	24.00
服务水头/m	—	42.80	47.10	46.00	—	46.30	45.30	41.50

【解】 将相关数据输入 NetCal 管网平差计算软件，试算并调整参数，最终得到节点、管段和水泵的计算表。

（1）管网的控制点，如图 4-10 所示。

由图 4-10 可知，当 4 点的水压满足要求后，其他各点的水压均满足要求，表明管网的控制点为 4 点。

（2）设计管段直径，如图 4-11 所示。

从图 4-11 可知，管段 1 的水头损失为负，表示由水泵向管网供水；管段 4 的水头损失为负，表明水流是从节点 5 流向节点 4，与设定的水流方向相反。

（3）水泵的设计参数，如图 4-12 所示。

由图 4-12 可知，水泵的静扬程为 43.975m，流量为 194.3495L/s，在管段 1 上向管网供水。

编号	地面标高	已知水压	已知流量	节点水压	自由水头	节点流量
1	13.6		-194.35	13.5999	-0.0001	-194.3500
2	18.8		14.55	52.0573	33.2573	14.5500
3	19.1		51.17	51.0696	31.9696	51.1700
4	22	46		46.0000	24.0000	20.7700
5	32.2		-37.15	46.3773	14.1773	-37.1500
6	18.3		35.03	51.3856	33.0856	35.0300
7	17.3		82.33	49.2598	31.9598	82.3300
8	17.5		27.65	44.9993	27.4993	27.6500

图 4-10 管网的控制点

编号	管径	长度	阻力系数	起始节点	终止节点	流量	流速	水力坡度	水头损失
1	0.5	320	110	1	2	194.3495	0.9898	120.1793	-38.4574
2	0.4	650	110	2	3	82.8183	0.6590	1.5196	0.9877
3	0.1	550	110	3	4	5.7238	0.7288	9.2174	5.0696
4	0.3	270	110	4	5	-37.1500	0.5256	1.3975	-0.3773
5	0.4	330	110	2	6	96.9812	0.7718	2.0356	0.6718
6	0.2	350	110	3	7	25.9249	0.8252	5.1710	1.8098
7	0.2	260	110	3	7	22.1038	0.7036	3.8487	1.0007
8	0.3	590	110	6	7	61.9506	0.8764	3.6031	2.1258
9	0.1	490	110	7	8	5.5462	0.7062	8.6948	4.2604

图 4-11 设计管段直径

编号	静扬程	摩阻	所在节点	所在管段	加压方向	流量	扬程
1	43.975	0.000125	1	1		194.3495	39.2535

图 4-12 水泵的设计参数

4.6　管网设计校核

　　给水管网按最高日最高时用水流量进行设计，管段管径、水泵扬程和水塔高度等都是按此时的工况设计的。虽说它们一般都能满足供水要求，但有一些特殊的情况，它们不一定能保证供水。如管网出现事故造成部分管段损坏，管网提供消防灭火流量，管网向水塔转输流量等情况，必须对它们相应的工况进行水力分析，校核管网在这些工况条件下能否满足供水流量与水压要求。

通过校核，有时需要修改管网中个别管段直径，也有可能需要另选合适的水泵或改变水塔的高度等。

（1）消防工况校核。给水管网的设计流量未计入消防流量，当火灾发生在最高日最高时时（当然这种几率很小），由于消防流量比较大（特别是对于小型系统），一般用户的用水量肯定不能满足。为了安全起见，要按最不利的情况，即按最高时用水量加上消防用水量进行消防校核，此时节点服务水头只要求满足火灾节点的灭火服务水头，而不必满足正常用水的服务水头。

当只考虑一处火灾时，消防流量一般加在控制点（最不利火灾点），当考虑两处或两处以上同时火灾时，另外几处分别放在离供水泵站较远、靠近大用户、居民密集区或重要的工业企业附近的节点上。对于未发生火灾的节点，其节点流量与最高时相同。

灭火处节点服务水头按低压消防考虑，即 10m 的自由水压。

消防工况校核一般采用水头校核法，即先按上述方法确定各节点流量，通过水力分析，得到各节点水头，判断各灭火节点水头是否满足消防服务水头。

虽然消防时比最高用水时所需服务水头要小得多，但因消防时通过管网的流量增大，各管段的水头损失相应增加，按最高用水时确定的水泵扬程有可能不够消防时的需要，这时需放大个别管段的直径，以减小水头损失。个别情况下因最高用水时和消防时的水泵扬程相差很大（多见于中小型管网），需设专用消防泵供消防时使用。

（2）水塔转输工况校核。在最高用水时，由泵站和水塔同时向管网供水，但在一天内泵站供水量大于用水量的一段时间里，多余的水经过管网送入水塔内贮存，这种情况称为水塔转输工况，水塔进水流量最大的情况称为最大转输工况。

对于前置水塔或网中水塔，转输进水一般不存在问题，只有当设对置水塔或靠近供水末端的网中水塔时，由于它们离供水泵站较远，转输水流的水头损失大，水塔进水可能会遇到困难。所以水塔转输工况校核通常只是对对置水塔或靠近供水末端网中水塔管网的最大转输工况进行校核。转输校核工况各节点流量按最大转输时的用水量求出，一般假定各节点流量随管网总用水量的变化成比例增减，所以最大转输工况各节点流量为

$$\frac{\text{最大转输工程管网总用水量}}{\text{最高时工况管网总用水量}}\times\text{最高时工况各节点流量} \tag{4-29}$$

转输工况校核一般采用流量校核法，即将水塔所在节点作为定压节点，通过水力分析，得到该节点流量，判断是否满足水塔进水流量要求。

转输工况校核不满足要求时，应适当加大从泵站到水塔最短供水路线上管段的管径。

（3）事故工况校核。管网主要管线损坏时必须及时检修，在检修期和恢复供水前，该管段停止输水，整个管网的水力特性改变，供水能力降低。国家有关规范规定，城市给水管网在事故工况下，必须保证 70% 以上用水量，工业企业给水管网也应按有关规定确定出现事故时供水比例。

一般按最不利事故工况进行校核，即考虑靠近供水泵站的主干管在最高时损坏的情况。节点压力仍按设计时的服务水头要求，当事故抢修时间短，且断水造成损失小时，节点压力要求可以适当降低。节点流量为

$$\text{事故工况各节点流量}=\text{事故工况供水比例}\times\text{最高时工况各节点流量} \tag{4-30}$$

事故工况校核一般采用水头校核法，先从管网中删除事故管段，调低节点流量，通过水力分析，得到各节点水头，将它们与节点服务水头比较，全部高于服务水头则满足要求。

经过校核不能符合要求时，可以增加平行主干管条数或埋设双管；也可以从技术上采取措施，如加强当地给水管理部门的检修力量，缩短损坏管段的修复时间；重要的和不允许断水的用户，可以采取贮备用水的保障措施。

4.7 输水管渠计算

从水源到净水厂的原水输水管（渠）设计流量，应按最高日平均时供水量，并计入输水管（渠）的漏损水量和净水厂自用水量。从净水厂至管网的清水输水管道的设计流量，当管网内有调节构筑物时，应按最高日最高时供水量减去由调节构筑物每小时提供的水量确定；当无调节构筑物时，应按最高日最高时供水量确定。

上述输水管渠，当负有消防给水任务时，还应分别包括消防补充流量或消防流量。

输水管（渠）计算的任务是确定管径和水头损失。确定大型输水管渠的尺寸时，应考虑到具体埋设条件、所用材料、附属构筑物数量和特点、输水管渠条数等，通过方案比较确定。

4.7.1 重力供水时的压力输水管

水源在高地时，如果水源水位与水厂内处理构筑物水位的高差足够时，可利用水源水位向水厂重力输水。

设水源水位标高为 Z，输水管输水到水处理构筑物，其水位为 Z_0，则水位差 $H=Z-Z_0$，称为位置水头。该水头用以克服输水管的水头损失。

假定输水管输水量为 Q，平行的输水管线为 n 条，则每条管线的流量为 Q/n，设平行管线的管材、直径和长度相同，并且沿程水头损失按 $h=sq^2$ 计算，则该系统的水头损失为

$$h=s\left(\frac{Q}{n}\right)^2=\frac{s}{n^2}Q^2 \tag{4-31}$$

式中，s 为每条管线的摩阻。

当一条管线损坏时，该系统中其余 $n-1$ 条管线的水头损失为

$$h_a=s\left(\frac{Q_a}{n-1}\right)^2=\frac{s}{(n-1)^2}Q_a^2 \tag{4-32}$$

式中，Q_a 为管线损坏时需保证的流量或允许的事故流量。

因为重力输水系统的位置水头一定，正常时和事故时的水头损失都应等于位置水头，即 $h=h_a=Z-Z_0$，但是正常时和事故时输水系统的摩阻却不相等，由式（4-31）、式（4-32）得事故时流量为

$$Q_a=\left(\frac{n-1}{n}\right)Q=\alpha Q \tag{4-33}$$

当平行管线数为 $n=2$ 时，则 $\alpha=(2-1)/2=0.5$，这样事故流量只有正常时供水量的一半。如果只有一条输水管，则 $Q_a=0$，即事故时流量为零，不能保证不间断供水。

实际上，为提高供水可靠性，常采用在平行管线之间增设连接管的方式。这样当管线某段损坏时，无需整条管线全部停止运行，而只需用阀门关闭损坏的一段进行检修。采用这种措施可以提高事故时的流量。

【例 4-3】 设两条平行敷设的输水管线，其管材、直径和长度相同，用 2 个连通管将输水管线等分成三段，每一段单根管线的摩阻均为 s，采用重力供水，位置水头一定。图 4-13 （a）表示输水管线正

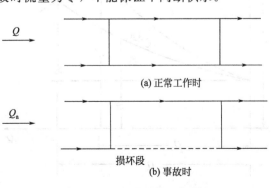

图 4-13 输水管线的工作状况

常工作时的情况，图 4-13（b）表示一段损坏时的水流情况。求输水管事故时与正常时的流量比为多少。

【解】 正常工作时水头损失为

$$h = s(2+1)\left(\frac{Q}{2}\right)^2 = \frac{3}{4}sQ^2 \tag{4-34}$$

由于连通管的长度与输水管相比很短，所以连通管的沿程水头损失和局部水头损失可忽略不计。因此某一段损坏时水头损失为

$$h_a = s\left(\frac{Q_a}{2}\right)^2 \times 2 + s\left(\frac{Q_a}{2-1}\right)^2 = \left[\frac{s}{2}+s\right]Q_a^2 = \frac{3}{2}sQ_a^2 \tag{4-35}$$

则事故时和正常工作时的流量比为

$$\frac{Q_a}{Q} = \alpha = \sqrt{\frac{3/4}{3/2}} = \sqrt{\frac{1}{2}} = 0.7 \tag{4-36}$$

城市的事故用水量规定为设计水量的 70%，即要求 $\alpha \geqslant 0.7$，所以为保证输水管损坏时的事故流量要求，应敷设两条平行管线，并用两条连接管将平行管线按总长度至少等分成 3 段才行。

4.7.2　水泵供水时的压力输水管

水泵供水时的实际流量，应由水泵特性曲线 $H_p = f(Q)$ 和输水管特性曲线 $H_0 + \sum h = f(Q)$ 求出。设输水管特性曲线中的流量指数 $n = 2$，则水泵特性曲线和输水管特性曲线的联合工作情况如图 4-14 所示：Ⅰ 为输水管正常工作时的 Q-$(H_0 + \sum h)$ 特性曲线，Ⅱ 为事故时，当输水管任一段损坏时，阻力增大，使曲线的交点从正常工作时的 b 点移到 a 点，与 a 点相应的横坐标即表示事故时的流量 Q_a。水泵供水时，为保证管线损坏时的事故流量，输水管的分段数计算方法如下。

设输水管接入水塔，这时输水管损坏只影响进入水塔的水量，直到水塔放空无水时，才影响管网用水量。假定输水管 Q-$(H_0 + \sum h)$ 特性方程表示为

$$H = H_0 + (s_p + s_d)Q^2 \tag{4-37}$$

设两条不同直径的输水管用连通管分成 n 段，则任一段损坏时，Q-$(H_0 + \sum h)$ 特性方程为

$$H_a = H_0 + \left(s_p + s_d - \frac{s_d}{n} + \frac{s_1}{n}\right)Q_a^2 \tag{4-38}$$

式中，H_0 为水泵静扬程，等于水塔水面和泵站吸水井水面的高差；s_p 为泵站内部管线的摩阻；s_d 为两条输水管的当量摩阻。

其中：

$$\frac{1}{\sqrt{s_d}} = \frac{1}{\sqrt{s_1}} + \frac{1}{\sqrt{s_2}}$$

$$s_d = \frac{s_1 s_2}{(\sqrt{s_1} + \sqrt{s_2})^2} \tag{4-39}$$

式中，s_1、s_2 为每条输水管的摩阻；n 为输水管分段数，输水管之间只有一条连接管时，分段数为 2，其余类推。

连通管的长度与输水管相比很短，其阻力可忽略不计。

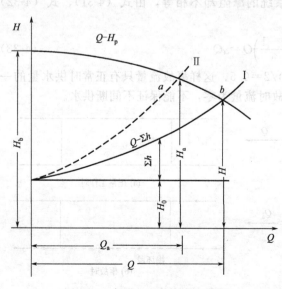

图 4-14　水泵和疏水管特性曲线

水泵 $Q\text{-}H_p$ 特性方程为

$$H_p = H_b - sQ^2 \qquad (4\text{-}40)$$

输水管任一段损坏时的水泵特性方程为

$$H_a = H_b - sQ_a^2 \qquad (4\text{-}41)$$

式中，s 为水泵的摩阻。

联立式（4-37）和式（4-40）求解，得到正常工作时水泵的输水量

$$Q = \sqrt{\frac{H_b - H_0}{s + s_p + s_d}} \qquad (4\text{-}42)$$

由式（4-42）可见，因 H_0、s、s_p 一定，故 H_b 减小或输水管当量摩阻 s_d 增大，均可使水泵流量减小。

解式（4-38）和式（4-41），得到事故时的水泵输水量为

$$Q_a = \sqrt{\frac{H_b - H_0}{s + s_p + s_d + (s_1 - s_d)\dfrac{1}{n}}} \qquad (4\text{-}43)$$

从式（4-42）和式（4-43）得事故时和正常时的流量比例为

$$\frac{Q_a}{Q} = \alpha = \sqrt{\frac{s + s_p + s_d}{s + s_p + s_d + (s_1 - s_d)\dfrac{1}{n}}} \qquad (4\text{-}44)$$

按事故用水量为设计水量的 70%，即 $\alpha = 0.7$ 的要求，所需分段数等于

$$n = \frac{(s_1 - s_d)\alpha^2}{(s + s_p + s_d)(1 - \alpha^2)} = \frac{0.96(s_1 - s_d)}{s + s_p + s_d} \qquad (4\text{-}45)$$

【例 4-4】 某城市从水源泵站到水厂敷设两条铸铁输水管（水泥砂浆内衬），每条输水管长度为 12400m，管径分别为 250mm 和 300mm，如图 4-15 所示。水泵静扬程 40m，水泵特性曲线方程：$H_p = 141.3 - 2600Q^2$，式中 Q 的单位为 m^3/s。泵站内管线的摩阻 $s_p = 210s^2/m^5$。假定 DN300mm 输水管线的一段损坏，试求事故流量为 70%设计水量时的分段数及正常时和事故时的流量比。

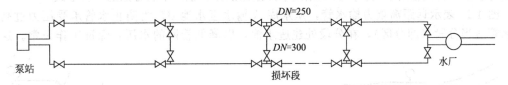

图 4-15 疏水管分段数计算

【解】 由于输水管采用水泥砂浆内衬铸铁管，粗糙系数 n 取 0.012（见表 3-2），将 n 代入式（3-12），求出谢才系数 C，然后按公式 $a = \dfrac{64}{\pi^2 C^2 d_j^5}$，求出管径为 250mm 和 300mm 的输水管摩阻分别为

$$s_1 = 2.41 \times 12400 = 29884 s^2/m^5$$
$$s_2 = 0.91 \times 12400 = 11284 s^2/m^5$$

由式（4-39），两条输水管的当量摩阻为

$$s_d = \frac{29884 \times 11284}{(\sqrt{29884} + \sqrt{11284})^2} = 4329.06 s^2/m^5$$

由式（4-45），所需分段数为

$$n = \frac{(29884 - 4329.06) \times 0.7^2}{(2600 + 210 + 4329.06) \times (1 - 0.7^2)} = 3.44$$

拟分成 4 段，即 $n=4$，由式 (4-43)，得事故时流量为

$$Q_a = \sqrt{\frac{141.3-40.0}{2600+210+4329.06+(29884-4329.06)\times\frac{1}{4}}} = 0.0865\text{m}^3/\text{s}$$

由式 (4-42) 正常时流量为

$$Q = \sqrt{\frac{141.3-40.0}{2600+210+4329.06}} = 0.1191\text{m}^3/\text{s}$$

事故时和正常工作时的流量比为

$$\alpha = \frac{0.0865}{0.1191} = 0.73$$

大于规定的 $\alpha=70\%$ 的要求。

4.8 给水管网分区设计

4.8.1 分区给水系统

分区给水是根据城市地形特点将整个给水系统分成若干个区，每区有独立的泵站和管网等，但各区之间有适当的联系，以保证供水可靠和调度灵活。分区给水的目的，是使管网的水压不超过水管可以承受的压力，以免损坏管道和附件，并可减少漏水量，降低供水动力费用。在给水区很大、地形高差显著、远距离输水时，分区给水具有重要的工程价值。

图 4-16 表示给水区地形起伏、高差很大时采用的分区给水系统。其中图 4-16 (a) 是由同一泵站内的低压和高压水泵分别供给低区②和高区①用水，这种形式叫做并联分区。它的特点是各区用水分别供给，比较安全可靠；各区水泵集中在一个泵站内，管理方便；但增加了输水管长度和造价，又因到高区的水泵扬程高，需用耐高压的输水管等。图 4-16 (b) 中，高、低两区用水均由低区泵站 2 供给，但高区用水再由高区泵站 4 增压，这种形式叫做串联分区。大城市的管网往往由于城市面积大、管线延伸很长，而致管网水头损失过大，为了提高管网边缘地区的水压，而在管网中间设加压泵站或水库泵站加压，也是串联分区的一种形式。

图 4-17 表示远距离重力输水管，从水库 A 输水至水池 B。为防止水管承受压力过高将输水管适当分段（即分区），在分段处建造水池，以降低管网的水压，保证工作正常。这种

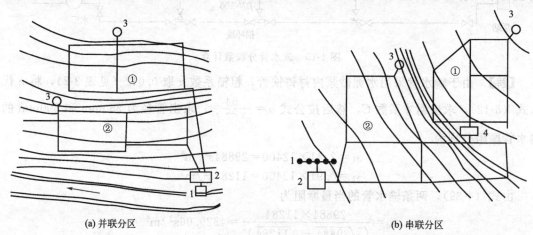

(a) 并联分区　　　　　　　　　　(b) 串联分区

图 4-16　分区给水系统

①高区；②低区

1—取水构筑物；2—水处理构筑物和二级泵站；3—水塔或水池；4—高区泵站

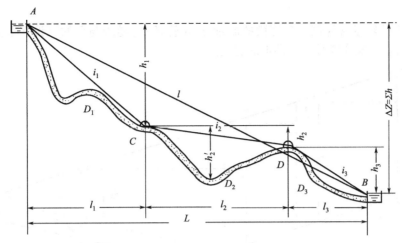

图 4-17　重力输水管分区

输水管如不分段，且全线采用相同的管径，则水力坡度为 $i = \dfrac{\Delta Z}{L}$，这时部分管线所承受的压力很高，可是在地形高于水力坡线之外，例如 D 点，又使管中出现负压，显然是不合理的。如将输水管分成 3 段，并在 C 和 D 处建造水池，则 C 点附近水管的工作压力有所下降，D 点也不会出现负压，大部分管线的静水压力将显著减小。这是一种重力给水分区系统。

　　将输水管分段并在适当位置建造水池后，不仅可以降低输水管的工作压力，并且可以降低输水管各点的静水压力，使各区的静水压不超过 h_1、h_2 和 h_3，因此是经济合理的，水池应尽量布置在地形较高的地方，以免出现虹吸管段。

4.8.2　分区给水的能量分析

　　图 4-18 所示的给水区，假设地形从泵站起均匀升高。水由泵站经输水管供水到管网，这时管网中的水压以靠近泵站处为最高。设给水区的地形高差为 ΔZ，管网要求的最小服务水头为 H，最高用水时管网的水头损失为 $\sum h$，则管网中最高水压等于

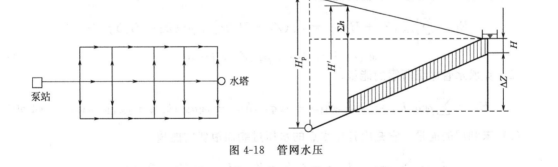

图 4-18　管网水压

$$H' = \Delta Z + H + \sum h \tag{4-46}$$

由于输水管的水头损失，泵站扬程 H'_p 应大于 H'。

　　城市管网最小服务水头 H 由房屋层数确定。管网的水头损失 $\sum h$ 根据管网水力计算决定。泵站扬程根据控制点所需最小服务水头和管网中的水头损失确定，除了控制点附近地区外，大部分给水区的管网水压高于实际所需的水压，多余的水压消耗在用户给水龙头的局部水头损失上，因此产生了能量浪费。

4.8.2.1　输水管的供水能量分析

规模相同的给水系统，采用分区给水常可比未分区时减小泵站的总功率，降低输水能量

费用。

以图 4-19 的输水管为例，各管段的流量 q_{ij} 和管径 D_{ij} 随着与泵站（设在节点 5 处）距离的增加而减小。未分区时泵站供水的能量为

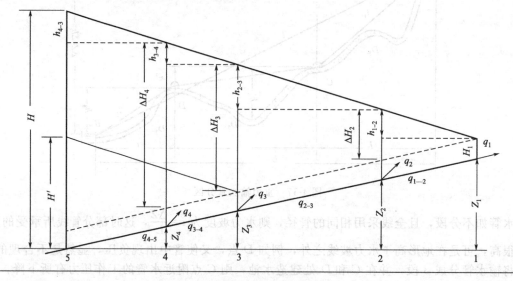

图 4-19 输水管系统

$$E = \rho g q_{4-5} H \qquad (4-47)$$

或

$$E = \rho g q_{4-5} (Z_1 + H_1 + \sum h_{ij}) \qquad (4-48)$$

式中，q_{4-5} 为泵站总供水量，L/s；Z_1 为控制点地面高出泵站吸水井水面的高度，m；H_1 为控制点所需最小服务水头，m；$\sum h_{ij}$ 为从控制点到泵站的总水头损失，m；ρ 为水的密度，kg/L；g 为重力加速度，9.81m/s²。

泵站供水能量 E 由三部分组成。

（1）保证最小服务水头所需的能量。

$$E_1 = \sum_{i=1}^{4} \rho g (Z_i + H_i) q_i = \rho g (Z_1 + H_1) q_1 + \rho g (Z_2 + H_2) q_2 +$$
$$\rho g (Z_3 + H_3) q_3 + \rho g (Z_4 + H_4) q_4 \qquad (4-49)$$

（2）克服水管摩阻所需的能量。

$$E_2 = \sum_{i=1}^{4} \rho g q_{ij} h_{ij} = \rho g q_{1-2} h_{1-2} + \rho g q_{2-3} h_{2-3} + \rho g q_{3-4} h_{3-4} + \rho g q_{4-5} h_{4-5} \qquad (4-50)$$

（3）未利用的能量，它是因各用水点的水压过剩而浪费的能量。

$$E_3 = \sum_{i=2}^{4} \rho g q_i \Delta H_i = \rho g (H_1 + Z_1 + h_{1-2} - H_2 - Z_2) q_2 +$$
$$\rho g (H_1 + Z_1 + h_{1-2} - H_3 - Z_3) q_3 +$$
$$\rho g (H_1 + Z_1 + h_{1-2} + h_{2-3} + h_{3-4} - H_4 - Z_4) q_4 \qquad (4-51)$$

式中，ΔH_i 为过剩水压。

单位时间内水泵的总能量等于上述三部分能量之和，即

$$E = E_1 + E_2 + E_3 \qquad (4-52)$$

总能量中只有保证最小服务水头的能量 E_1 得到有效利用。由于给水系统设计时，泵站流量和控制点水压 $Z_i + H_i$ 已定，所以 E_1 不能减小。

第二部分能量 E_2 消耗于输水过程不可避免的水管摩阻。为了降低这部分能量,必须减小 h_i,其措施是适当放大管径,所以并不是一种经济的解决办法。

第三部分能量 E_3 未能有效利用,属于浪费的能量,这是集中给水系统无法避免的缺点,因为泵站必须将全部流量按最远或位置最高处用户所需的水压输送。

集中(未分区)给水系统中供水能量利用的程度,可用必须消耗的能量占总能量的比例来表示,称为能量利用率

$$\phi = \frac{E_1 + E_2}{E} = 1 - \frac{E_3}{E} \tag{4-53}$$

从上式看出,为了提高输水能量利用率,只有设法降低 E_3 值,这就是从经济上考虑管网分区的原因。

假定在图 4-19 的节点 3 处设加泵站,将输水管分成两区,分区后,泵站 5 的扬程只需满足节点 3 处的最小服务水头,因此可从未分区时的 H 降低到 H'。从图看出,此时过剩水压 ΔH_3 消失,ΔH_4 减小,因而减小了一部分未利用的能量。减小值为

$$(Z_1 + H_1 + h_{1-2} + h_{2-3} - Z_3 - H_3)(q_3 + q_4) = \Delta H_3(q_3 + q_4) \tag{4-54}$$

但是当一条输水管的管径和流量相同时,即沿线无流量分出时,分区后不但不能降低能量费用,甚至基建和设备等项费用反而增加,管理也趋于复杂。这时只有在输水距离远、管内的水压过高时,才考虑分区。

4.8.2.2 管网的供水能量分析

如图 4-20 所示的城市给水管网,假定从泵站起地形均匀升高、全区用水均匀、要求的最小服务水头 H 相同。设管网的总水头损失为 $\sum h$,泵站吸水井水面和控制点地面高差为 ΔZ。未分区时,泵站的流量为 Q,扬程为

$$H_p = \Delta Z + H + \sum h \tag{4-55}$$

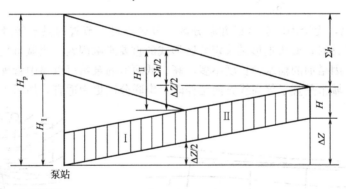

图 4-20 管网系统

如果等分成为两区,则第 I 区管网的水泵扬程为

$$H_I = \frac{\Delta Z}{2} + H + \frac{\sum h}{2} \tag{4-56}$$

如果第 I 区的最小服务水头 H 与泵站总扬程 H_p 相比极小时,则 H 可以略去不计,得

$$H_I = \frac{\Delta Z}{2} + \frac{\sum h}{2} \tag{4-57}$$

第 II 区泵站如能利用第 I 区的水压 H 时,则该区的泵站扬程 $H_{II} = \frac{\Delta Z}{2} + \frac{\sum h}{2}$。

依此类推,当给水系统分成 n 区时,供水能量如下。

(1)串联分区时,根据全区用水量均匀的假定,则各区的用水量分别为 Q,$\frac{n-1}{n}Q$,

$\dfrac{n-2}{n}Q$, $\cdots$, $\dfrac{Q}{n}$，各区的水泵扬程为 $\dfrac{H_p}{n}=\dfrac{\Delta Z+\sum h}{n}$，分区后的供水能量为

$$E_n = Q\frac{H_p}{n} + \frac{n-1}{n}Q\frac{H_p}{n} + \frac{n-2}{n}Q\frac{H_p}{n} + \cdots + \frac{Q}{n}\frac{H_p}{n}$$

$$= \frac{1}{n^2}[n+(n-1)+(n-2)+\cdots+1]QH_p$$

$$= \frac{1}{n^2}\frac{n(n+1)}{2}QH_p = \frac{n+1}{2n}QH_p$$

$$= \frac{n+1}{2n}E$$

$$E = QH_p \tag{4-58}$$

式中，E 为未分区时供水所需总能量。

等分成两区时，因 $n=2$，代入式（4-58），得 $E_2=\dfrac{3}{4}QH$，即较未分区时节约 1/4 的能量。分区数越多，能量节约越多，但最多只能节约 1/2 的能量。

（2）并联分区时，各区的流量等于 $\dfrac{Q}{n}$，各区的泵站扬程分别为 H_p，$\dfrac{n-1}{n}H_p$，$\dfrac{n-2}{n}H_p$，$\cdots$，$\dfrac{H_p}{n}$。分区后的供水能量为

$$E_n = \frac{Q}{n}H_p + \frac{Q}{n}\frac{n-1}{n}H_p + \frac{Q}{n}\frac{n-2}{n}H_p + \cdots + \frac{Q}{n}\frac{H_p}{n}$$

$$= \frac{1}{n^2}[n+(n-1)+(n-2)+\cdots+1]QH_p$$

$$= \frac{n+1}{2n}E \tag{4-59}$$

从经济上来说，无论串联分区或并联分区，分区后可以节省的供水能量相同。

在分区给水设计时，城市地形是决定分区形式的重要影响因素。当城市狭长发展时，采用并联分区较适宜，因增加的输水管长度不多，高、低两区的泵站可以集中管理，如图 4-21（a）所示。与此相反，城市垂直于等高线方向延伸时，串联分区更为适宜，如图 4-21（b）所示。

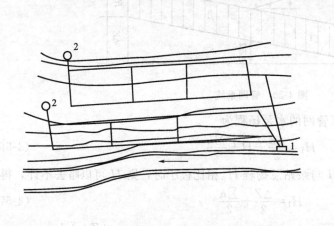
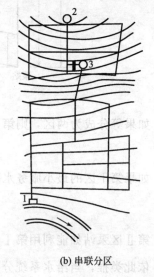

(a) 并联分区   (b) 串联分区

图 4-21　城市延伸方向与分区形式选择
1—水厂；2—水塔或高地水池；3—加压泵站

水厂的位置往往影响到分区形式，如图 4-22（a）中，水厂靠近高区时，宜用并联分区；水厂远离高区时，宜用串联分区，以免到高区的输水管过长，如图 4-22（b）所示。

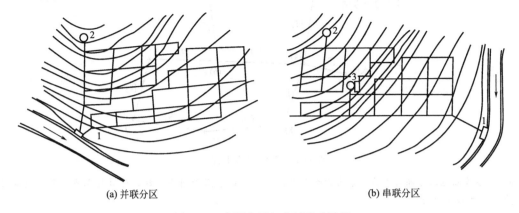

(a) 并联分区　　　　　　　　　　　　　　(b) 串联分区

图 4-22　水源位置与分区形式选择
1—水厂；2—水塔或高地水池；3—加压泵站

在分区给水系统中，可以采用高地水池或水塔作为水量调节设备，水池标高应保证该区所需的水压。采用水塔或水池需通过方案比较后确定。

习　题

（1）某城镇给水管网管段长度和水流方向如图 4-23 所示，比流量为 0.04L/(s·m)，所有管段均为双侧配水，折算系数统一采用 0.5，节点 2 处有一集中流量 20L/s，则节点 2 的计算流量为多少？

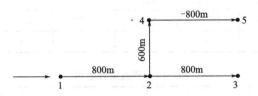

图 4-23　给水管网管段长度和水流方向

（2）某树状管网各节点地面标高见表 4-11，各管段的水头损失如图 4-24 所示，管网内均为 5 层建筑，地面高程如表所示，则管网的水压控制点为哪一个？

表 4-11　节点地面标高

节点编号	1	2	3	4
地面标高/m	63.5	62.8	61	60

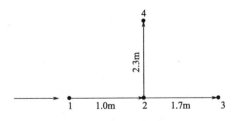

图 4-24　树状管网各管段的水头损失

（3）两条管径相同，平行敷设的重力输水管，要使任一管段故障输水量≥80% 设计流量，求需等间距布置多少根连通管？

（4）某城市最高日用水量为 15000m³/d，最高时用水量为 875m³/h，城市给水管网布置如图 4-25 所示，各管段长度与配水长度见表 4-12，各集中用水户最高时用水量见表 4-13，已知清水池最低水位标高

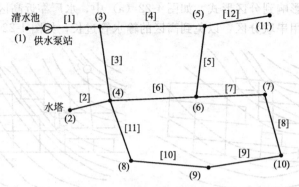

图 4-25 某城市给水管网

38.30m，各节点地面标高与用户要求自由水压见表4-14。试采用管网平差软件计算控制点、各管段直径、泵站扬程、水塔高度并选泵。

表 4-12　各管段长度与配水长度

管段编号	1	2	3	4	5	6	7	8	9	10	11	12
管段长度/m	320	160	650	770	530	500	420	430	590	520	550	470
配水长度/m	0	0	650	385	530	500	315	215	280	220	400	120

表 4-13　最高时集中用水量

集中用水户名称	火车站	学校	宾馆	医院	工厂A	工厂B	工厂C
集中用水量/(L/s)	12.60	26.20	6.40	8.60	7.20	17.60	22.50
所处位置节点编号	2	6	6	5	8	10	11

表 4-14　节点设计数据

节点编号	1	2	3	4	5	6	7	8	9	10	11
地面标高/m	40.70	62.00	41.50	52.40	42.20	45.10	44.80	48.30	46.60	45.90	43.30
要求自由水压/m	—	—	24.00	24.00	24.00	28.00	24.00	24.00	24.00	24.00	20.00

第5章

污水管网设计

污水管网系统设计的主要内容如下：

(1) 划分排水流域，污水管网系统的平面布置；

(2) 污水管道的设计流量计算；

(3) 污水管网系统的水力计算；

(4) 管道平面图和纵剖面图的绘制。

5.1   污水设计流量计算

5.1.1   设计污水量定额

污水量定额是计算污水量的单位指标。城市生活污水量定额分为居民生活污水定额和综合生活污水定额两种，前者指居民日常生活（包括洗涤、淋浴、冲厕等）产生的污水量，以 L/(人·d) 表示；后者代表居民生活污水和公共建筑及设施（包括学校、宾馆、浴室、商业网点和办公楼等）排出污水两部分的总和，以 L/(人·d) 表示。

我国现行《室外排水设计规范》（GB 50014—2006）规定，污水量定额应根据当地采用的用水定额并结合建筑内部给水排水设施配置水平确定。一般情况下，生活污水和工业废水的污水量约为用水量的 60%～80%，在天热干旱季节甚至低达 50%。在工程设计中，当缺乏实际资料时，污水量定额可按当地实际用水定额的 80%～90% 计算。

工业企业的污水量包括工业生产过程中排放的污水和工作人员产生的生活污水，前者包括产品制造、设备冷却、空气调节和洗涤净化等产生的污水量，后者主要包括工作人员淋浴、盥洗、冲厕等产生的污水量。工业企业内生活污水量和淋浴污水量的计算，应符合我国《室外给水设计规范》（GB 50013—2006）和《建筑给水排水设计规范》（GB 50015—2003）的相关规定。

在计算城镇污水量时，工业污水所占的比例较大。工业污水量定额一般以单位产值、单位数量产品或单位设备排出的污水量表示。由于工业企业种类繁多，生产工艺和设备配置情况各不相同，通常需要长期的调查才能确定可靠的污水排放定额。因此，工业企业的污水量定额应根据工艺特征确定，并符合国家现行的工业用水量相关规定。对于具有标准生产工艺的工矿企业，其污水量定额可参照同行业单位产值或单位数量产品的污水量标准。

5.1.2   污水量的变化

与给水设计流量计算不同，污水管网是按照最高日最高时的污水流量进行设计的，在计算污水设计流量时，选取的污水量定额是平均日污水量定额，因此根据设计人口和生活污水定额或综合生活污水定额计算得出的污水量是平均流量。实际上，流入污水管道的污水量时刻都在变化，一年中的不同季节、一日中不同时刻的污水量均存在一定差异，甚至在一小时内，污水量也是有变化的。

污水量的变化程度通常用变化系数表示，变化系数又分为时变化系数 K_h、日变化系数 K_d 和总变化系数 K_z，其中：

K_d 表示一年中最高日污水量与平均日污水量的比值；

K_h 表示最高日中最高时污水量与该日平均时污水量的比值；

K_z 表示最高日最高时污水量与平均日平均时污水量的比值。

根据以上定义可知：

$$K_z = K_d K_h \tag{5-1}$$

（1）生活污水量变化系数。我国现行《室外排水设计规范》（GB 50014—2006）推荐使用表 5-1 所示的总变化系数。

表 5-1　综合生活污水总变化系数

平均日流量 Q_d/(L/s)	≤5	15	40	70	100	200	500	≥1000
总变化系数	2.3	2.0	1.8	1.7	1.6	1.5	1.4	1.3

注：1. 当污水平均日流量为中间数值时，可以使用内插法求取总变化系数；

2. 当居住区有实际生活污水量变化资料时，可按实际数据采用。

当污水平均日流量 5L/s < Q_d < 1000L/s 时，变化系数也可按式（5-2）计算。

$$K_z = \frac{2.7}{Q_d^{0.11}} \tag{5-2}$$

（2）工业废水量变化系数。工业废水量变化规律与生产工艺性质和产品种类密切相关，不同生产行业的废水排放情况存在较大差异，通常需要实地调研获得相应工业行业的变化系数。一般情况下，工业生产工艺本身与地理环境和气候条件关系不大，工业废水排放较为均匀，日变化系数近似等于1。时变化系数可实测，部分工业生产废水的时变化系数见表 5-2。

表 5-2　部分工业生产废水的时变化系数

工业种类	冶金	化工	纺织	食品	皮革	造纸
时变化系数 K_h	1.0~1.1	1.3~1.5	1.5~2.0	1.5~2.0	1.5~2.0	1.3~1.8

（3）工业企业生活污水量变化系数。工业企业生活污水量的变化系数按班内污水量变化给出，且与工业企业生活用水量变化系数基本一致，即普通车间生活污水量时变化系数取3.0，高温车间取2.5。

此外，工业企业淋浴产生的污水主要集中在较短时间内（不超过1h）排放，由于污水流量计算一般不考虑1h之内的流量变化，因此，淋浴排放污水的时变化系数可近似取值为1。

5.1.3　污水设计流量计算

（1）居民生活污水设计流量。影响居民生活污水设计流量的主要因素有设计人口、排水定额、排水设施条件和变化系数等，其中设计人口是计算污水设计流量的基本数据，是指污水排水系统服务区内设计年限终期的规划人口数。如果排水系统是分期建设的，则应明确各个分期时段内的设计人口数，以便计算相应的污水设计流量。

居民生活污水设计流量 Q_1（L/s）为

$$Q_1 = K_{z1} Q_d = K_{z1} \sum \frac{q_{1i} N_{1i}}{24 \times 3600} \tag{5-3}$$

式中，Q_d 为平均日流量，L/s；K_{z1} 为生活污水量总变化系数；q_{1i} 为污水管网服务区内居民生活污水定额，L/(人·d)，通常取当地平均日人均用水定额的 80%~90%；N_{1i} 为污水管网服务区内设计年限终期的设计人口数。

（2）公共建筑污水设计流量。公共建筑的污水流量可单独计算，也可与居民生活污水量合并计算，即将式（5-3）中 q_{1i} 用综合生活污水定额替代。公共建筑污水排放时间较为集中，在有条件获得完整的调查资料时，应分别计算对应公共建筑的污水设计流量，其中公共建筑的污水量定额可参照《建筑给水排水设计规范》（GB 50015—2003）选取。

公共建筑污水设计流量 Q_2（L/s）为

$$Q_2 = \sum \frac{q_{2i} N_{2i} K_{h2i}}{3600 T_{2i}} \qquad (5-4)$$

式中，q_{2i} 为公共建筑最高日污水量定额，L/（用水单位·d）；N_{2i} 为公共建筑在设计年限终期所服务的用水单位数；K_{h2i} 为公共建筑污水流量时的变化系数；T_{2i} 为公共建筑最高日排水小时数，h。

（3）工业废水设计流量。工业废水设计流量主要包括生产废水设计流量和工业企业生活污水设计流量。

生产废水设计流量 Q_3（L/s）为

$$Q_3 = \sum \frac{K_{3i} q_{3i} N_{3i} (1 - f_{3i})}{3.6 T_{3i}} \qquad (5-5)$$

式中，q_{3i} 为工业企业污水排放定额，m³/单位产值、m³/单位数量产品或 m³/单位生产设备；N_{3i} 为工业企业最高日生产产值，万元、设备或产品产量（件、吨、台等）；T_{3i} 为工业企业最高日生产小时数，h；f_{3i} 为工业企业生产用水重复利用率，％；K_{3i} 为生产废水流量的时变化系数。

工业企业生活污水设计流量（包括淋浴排水量）Q_4（L/s）为

$$Q_4 = \sum \left(\frac{A_1 B_1 K_1 + A_2 B_2 K_2}{3600 T} + \frac{C_1 D_1 + C_2 D_2}{3600} \right) \qquad (5-6)$$

式中，A_1 为普通车间最大班职工人数；A_2 为热车间最大班职工人数；B_1 为普通车间职工生活污水定额，一般取 25L/（人·d）；B_2 为热车间职工生活污水定额，一般取 35L/（人·d）；K_1 为普通车间生活污水量时变化系数，一般取 3.0；K_2 为热车间生活污水量时变化系数，一般取 2.5；T 为工业企业车间最高日每班工作小时数，h；C_1 为普通车间最大班使用淋浴的职工人数；C_2 为热车间最大班使用淋浴的职工人数；D_1 为普通车间职工淋浴污水定额，以 40L/（人·班）计；D_2 为热车间或污染严重车间的职工淋浴污水定额，以 60L/（人·班）计。

（4）城镇污水设计总流量。城镇污水设计总流量主要包括居住区生活污水、公共建筑污水、工业废水和工业企业生活污水四个部分。在地下水位较高的地区，受当地土质、地下水位、管道及接口材料等因素的影响，当地下水水位高于排水管渠时，还应加入地下水入渗量 Q_u。因此城镇污水设计总流量 Q 为

$$Q = Q_1 + Q_2 + Q_3 + Q_4 + Q_u \qquad (5-7)$$

其中地下水入渗量宜根据实测资料确定，一般以单位管长和管径计或以每天每单位服务面积入渗的地下水量计；当缺乏实测资料时，也可按平均日综合生活污水和工业废水总量的 10％~15％ 计。

5.2 污水管道设计参数

5.2.1 设计充满度

在设计流量下，污水管道中的水深 h 和管道直径 D 的比值称为设计充满度（或水深

比）。当 $h/D=1$ 时，称为满流；当 $h/D<1$ 时，称为非满流。由于排水管渠内水流大多为重力流，我国污水管道（渠）均按非满流设计，主要原因如下。

（1）污水流量时刻在变化，很难精确计算，而且雨水或地下水也可能通过管道接口或检查井盖进入污水管网。因此有必要保留一部分管道断面，为未预见水量的增加留有余地，避免污水外溢影响周边环境。

（2）污水管道内的沉积物通常含有部分有机成分，可能分解出一些有毒有害气体；此外污水中若含有汽油、苯、石油等易燃物质时，可能形成爆炸气体。故需在管道内留出适当空间，以利于管道通风换气，排出有害气体，防止污水管道爆炸事故发生。

（3）便于污水管道的疏通和维护管理。

我国规定不同规格污水管道的最大设计充满度见表5-3。明渠设计超高不得小于0.2m。

表5-3　最大设计充满度

管径 D 或渠高 H/mm	最大设计充满度 h/D 或 h/H
200~300	0.55
350~450	0.65
500~900	0.70
≥1000	0.75

注：在计算污水管道充满度时，不包括短时突然增加的污水量，但当管径小于或等于300mm时，应按满流复核。

5.2.2　设计流速

与污水设计流量和设计充满度对应的水流平均速度称为设计流速。若污水在管道内流动过于缓慢，污水挟带的杂质可能下沉，产生淤积；若污水流速过高，可能产生冲刷，加剧对管道的磨损甚至损坏管道。为了防止管道中产生淤积或冲刷，设计流速应限制在最小和最大设计流速范围内。

《室外排水设计规范》（GB 50014—2006）规定，污水管道在设计充满度下的最小设计流速为0.6m/s，明渠的最小设计流速为0.4m/s。对于含有金属、矿物固体或重油杂质的工业污水管道，其最小设计流速宜适当增大，通常根据试验或运行经验确定。

最大设计流速与管道材质有关，一般情况下，金属管道为10m/s，非金属管道为5m/s。非金属管道最大设计流速经过试验性验证可适当提高。

排水管道采用压力流时，压力管道的设计流速宜采用0.7~2.0m/s。

5.2.3　最小管径

在污水管道系统的上游端，管道设计流量一般很低，若根据设计流量计算管径，则管径会很小，极易堵塞。养护经验证明，管径150mm的污水支管的堵塞次数可能达到200mm支管堵塞次数的两倍，导致管道养护费用增加。然而在相同的埋深下，200mm和150mm管道的施工费用差别不大。此外，采用较大的管径，可以选择较小的管道坡度，这有利于减小管道埋深。因此，为了养护工作方便，常规定一个允许的最小管径。

在街区和厂区内，污水支管的最小管径为200mm，干管的最小管径为300mm；在城镇道路下的污水管道最小管径为300mm。需要说明的是，在进行污水管道水力计算时，上游管道由于服务面积或人口较少，设计流量小，按此流量计算出的管径可能小于最小允许管径，此时应采用最小管径进行设计。为减少计算工作量，通常根据最小管径在最小设计流速和最大充满度条件下能通过的最大流量估算出设计管段服务的排水面积，若设计管段服务的排水面积低于该值，即可直接采用最小管径和相应的最小坡度而不再进行水力计算。这种管段称为不计算管段，当有适当的冲洗水源时，可考虑为其设置冲洗井。

5.2.4　最小设计坡度

在污水管网设计过程中，通常采用直管段埋设坡度与服务区内地面坡度保持一致的做法，以减小管道埋设深度。在地势平坦或管道走向与地面坡度相反时，尽可能控制管道坡度和埋深对降低管道工程造价显得尤为重要。但是与管道坡度对应的污水流速应大于或等于最小设计流速，防止管道内产生淤积。因此，将相应于管道最小设计流速时的管道坡度称为最小设计坡度。

从水力学计算公式可知，设计坡度与设计流速的平方成正比，与水力半径的 4/3 次方成反比。由于水力半径是过水断面积与湿周的比值，因此不同管径的污水管道对应不同的最小设计坡度。在给定设计充满度条件下，管径越大，需要的最小设计坡度值越小，因此只需规定最小管径的最小设计坡度值即可满足设计要求。管道的最小设计坡度见表 5-4。

表 5-4　最小管径与相应的最小设计坡度

管道类别	最小管径/mm	最小设计坡度
污水管	300	塑料管 0.002,其他管 0.003
雨水管和合流管	300	塑料管 0.002,其他管 0.003
雨水口连接管	200	0.01
压力输泥管	150	—
重力输泥管	200	0.01

管道在坡度变陡处，其管径可根据水力计算结果确定由大改小，但不得超过 2 级，且不得小于相应条件下的最小管径。

5.2.5　污水管道埋设深度

管道埋深是指管道的内壁底部到地面的垂直距离。管道的顶部到地面的垂直距离称为覆土深度，如图 5-1 所示。在实际工程中，污水管道的造价由选用的管道材料、管道直径、施工现场地质条件和管道埋设深度四个因素决定，合理地确定管道埋深可以有效地降低管道建设投资。

为保证污水管道不受外界压力和冰冻的影响和破坏，管道覆土深度应有一个最小的限值，该限值称为最小覆土深度。

污水管道的最小覆土深度，一般应满足以下三个因素的要求。

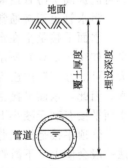

图 5-1　管道覆土示意

（1）必须防止管道内污水冰冻和因土壤冻胀而损坏管道。我国北方的部分地区气候比较寒冷，属于季节性冻土区。土壤冰冻深度主要受气温和冻结期长短的影响，如海拉尔市最低气温为 −28.5℃，土壤冰冻深度达 3.2m。当然同一城市又会因为地面覆盖的土壤种类、阳光照射时间、阳面或阴面以及市区与郊区等因素的影响，冰冻深度有所差别。

土壤冰冻层内污水管道的埋深或覆土深度，应根据流量、水温、水力条件和敷设位置等因素确定。一般情况下，冬季的污水温度不会低于 4℃。此外污水在管道内具有一定流速，较难冰冻，同时管道周围的土壤受污水水温的辐射作用也不易冰冻。因此没有必要把整个污水管道都埋在土壤冰冻线以下。但如果将管道全部埋在冰冻线以上，土壤冻胀可能损坏管道基础，进而损坏管道。《室外排水设计规范》（GB 50014—2006）规定：一般情况下，污水管道宜埋设在冰冻线以下。当该地区或条件相似地区有浅埋经验或采取相应措施时，也可埋设在冰冻线以上，其浅埋数值应根据该地区经验确定，但应保证污水管道安全运行。

（2）必须防止管壁因地面荷载而受到破坏。埋设在地面下的污水管道承受着管顶覆土的静荷载和地面上车辆行驶产生的动荷载。为了防止管道因外部荷载影响而损坏，首先要注意管材质量，其次必须保证管道具有一定的覆土深度。因此管顶最小覆土深度，应根据管材强度、外部荷载、土壤冰冻线和土壤性质等条件，结合当地埋管经验确定。管顶最小覆土深度宜为：人行道下 0.6m，车行道下 0.7m。

（3）必须满足街区污水连接管的衔接要求。为了使住宅和公共建筑内产生的污水顺畅地排入污水管网，就必须保证污水干管的埋深大于或等于街区内污水支管终点的埋深，而污水支管起点的埋深又必须大于或等于建筑物污水出户连接管的埋深。从施工安装方面考虑，要使建筑物首层卫生设备的污水能顺利排出，污水出户连接管的最小埋深一般采用 0.5～0.7m，故污水支管起点的最小埋深也应有 0.6～0.7m。

对于每一个具体的管段，从上述三个因素出发，可以得到三个不同的管道埋深或管顶覆土深度，应采用这三个数值中的最大值作为设计管段的最小覆土深度或管道埋深。

除考虑管道的最小埋深外，还应考虑管道最大埋深问题。由于污水管道大多采用重力流，当管道坡度大于地面坡度时，下游管段的埋深将越来越大，导致挖方填方工程量增大，工程造价升高，因此污水管道应规定一个最大允许埋深。该值应根据技术经济指标及施工方法确定，一般情况下，在干燥的土壤中，管道最大埋深不超过 7～8m，在多水、流砂、石灰岩地层中，不超过 5m。

5.2.6 污水管道的衔接

污水管道在检查井中衔接时，设计时必须考虑检查井内上游和下游管道衔接时的高程关系。管道衔接应遵循两个原则：一是避免上游管段产生回水，造成淤积；二是在平坦地区应尽可能提高下游管道高程，以减少管道埋深。

污水管道衔接通常有水面平接、管顶平接、管底平接、跌水连接和泵站衔接五种。

水面平接是指在水力计算中，使上游管段终端和下游管段起端在设计充满度下水面相平，如图 5-2（a）所示。由于上游管段的设计流量通常小于下游管段，且流量变化幅度较大，可能在短期内出现上游管段内水面的实际标高低于下游管道水面的实际标高，形成回水。因此，水面平接主要用于上游和下游管道直径相同的情况，特别在地形平坦地区，采用水面平接有利于减小下游管段埋深，降低造价。

管顶平接是指上游管段终端和下游管段起端的管顶标高相同，如图 5-2（b）所示。该法一般会使上、下游管道内水面产生一定落差，因而不易形成回水。但下游管段埋深可能增加，这对于平坦地区或埋深较大的管道，有时是不适宜的。管顶平接适用于地面坡度较大或下游管道直径大于上游管道直径的情况，在实际工程中应用较广泛。

管底平接是指保持上、下游管段在衔接处管底标高相等，如图 5-2（c）所示。当下游管道地面坡度急增时，下游管道的管径可能小于上游管道的管径时采用。

在山地城镇，如果下游管道的地面坡度远远大于上游管道的地面坡度，为控制管道内污水流速，防止冲刷，保证下游管段的最小覆土深度，可以采用跌水连接，如图 5-2（d）所示。

当管道埋深达到最大允许埋深时，上、下游管道可以采用泵站衔接，如图 5-2（e）所示。

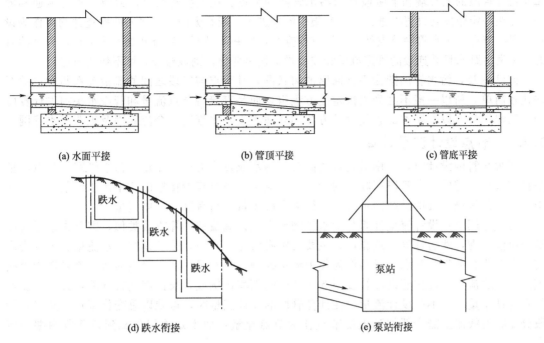

(a) 水面平接　　　　　(b) 管顶平接　　　　　(c) 管底平接

(d) 跌水衔接　　　　　　　(e) 泵站衔接

图 5-3　污水管道衔接示意

5.3　管段设计流量计算

5.3.1　污水管网的节点与管段

污水管网的分布特征与给水管网中的枝状网类似，应用管网图论方法，可将污水管网简化为节点和管段两类基本元素，得到由若干干管和主干管组成的污水管网图，然后进行分类编码，即可定义污水管网模型。如图 5-3 所示的污水管网，可以使用节点编码 1、2、3、…、M 和管段编码 [1]、[2]、[3]、…、[N] 等，其中 M 为节点总数，N 为管段总数，对于枝状管网，$M=N+1$。

污水管网设计计算的任务是计算管网中各个管段的污水流量及对应的污水转输流量，进而确定各设计管段的管径、埋深和衔接方式等。在设计计算时，将污水管网中流量和敷设坡度不变的一段管道称为管段，将该管段收集的污水量和上游端汇入的污水量之和作为其设计流量。

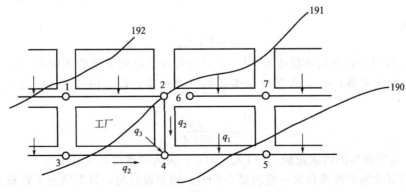

图 5-3　污水管网节点与设计管段

每个设计管段的上游端和下游段称为污水管网的节点。在直线管段上，为便于管道疏通和养护，需在一定距离处设置检查井，凡有集中流量进入，或有旁侧管道接入的检查井均可作为设计管段的节点。污水管网节点处一般设有检查井，但并不是所有检查井处均为节点，若某检查井处未发生跌水且其连接的管道流量和坡度均未发生变化，则该检查井可不作为节点。

前已述及，污水管网图为不含回路的树状图，其节点与管段之间的流量关系与能量关系均比较简单，所以一般不必列出恒定流方程组，而是直接将节点流量和管段水头损失计算应用于工程设计。以上基本概念及设计方法同样适用于雨水管网、合流管网及工业废水管网。

5.3.2 节点设计流量计算

在污水管网设计时，采用最高日最高时的污水流量作为设计流量。污水管网的节点流量是指该节点下游的一条管段所收集的用户污水流量与该节点所接纳的集中污水流量之和，其中，前者称为该管段的沿线污水流量，简称本段流量，后者称为集中流量。

污水管网节点设计流量计算与给水管网节点设计流量的计算方法类似，即首先进行管段沿线流量分配，然后计算节点流量。主要区别有两点。其一，公共建筑污水流量、工业废水流量和工业企业生活污水流量均作为集中流量处理，只有居住区居民生活污水流量作为沿线流量。沿线流量通常按照设计管段服务区域内的面积比例或管长比例进行分配，分配的流量是平均日流量，而不是设计流量，在计算管段的设计流量时，再乘以总变化系数。其二，管段分配的沿线流量需全部加到上游节点作为节点流量，而不是均匀分配到该管段两端的节点上。

5.3.3 管段设计流量计算

污水管网水力计算是从管网上游起端节点向下游末端节点逐步进行，为确定各设计管段的管径、埋深、坡度和充满度等，必须先求出其设计流量。计算管段设计流量的前提是污水管网中节点和管段流量应满足连续性条件。实际上，管段设计流量代表最高日最高时污水流量，但各种流量一般不会在同一时间出现，即管段设计流量并不满足流量连续性条件。在计算和分配居民生活污水流量时，只能对其日平均流量运用连续性条件，当日平均流量分配到每条管段后，再乘以总变化系数得到设计流量。此外，为降低计算的复杂性，通常假定居民生活污水、工业废水、工业企业生活污水和公共建筑污水等四类污水的最高时流量同时出现，即通过直接累加计算管网的总设计流量。

每一设计管段的污水设计流量可能包括以下几种流量（图 5-3）：（1）从管段沿线街坊流来的本段流量 q_1；（2）从上游管段和旁侧管段流来的转输流量 q_2；（3）从工业企业或大型公共建筑物流来的集中流量 q_3。对于某一设计管段而言，本段流量沿线是变化的，即从管段起点的零增加到终点的全部流量，但为了计算方便，通常假定本段流量集中在起点进入设计管段。

本段流量

$$q_1 = F q_0 K_z \tag{5-8}$$

式中，q_1 为设计管段的本段流量，L/s；F 为设计管段服务的街区面积，hm^2；K_z 为综合生活污水总变化系数；q_0 为本段单位面积的平均流量，即比流量 L/(s·hm^2)，可用式（5-9）计算。

$$q_0 = \frac{np}{86400} \tag{5-9}$$

式中，n 为综合生活污水定额，L/(人·d)；p 为人口密度，人/hm^2。

转输流量以及集中流量在某一管段是不变的。初步设计时，只需确定干管和主干管的流量；技术设计时，应计算全部管道的流量。

5.4 污水管网水力计算

5.4.1 不计算管段的确定

在管网设计过程中，部分管段由于流量较低，计算结果可能不符合工程技术要求，通常将这类管段称为"不计算管段"。根据设计规范，在街区和厂区内污水管道最小管径为200mm，在道路下的最小管径为300mm。通过水力计算表明，当设计污水流量小于一定值时，已经无法选择管径了，这时可以不通过计算，直接采用最小管径，在平坦地区还可以直接采用相应的最小设计坡度。

计算表明，当管道粗糙系数为 $n=0.014$ 时，对于街区和厂区内的最小管径为200mm，其最小设计坡度为0.004，当设计流量低于9.19L/s时，可以直接采用最小管径。对于街道下的最小管径为300m，最小设计坡度为0.003，当设计流量低于33L/s时，可以直接采用最小管径。

5.4.2 控制点的确定和泵站的设置地点

在污水排水区域内，对管道系统的埋深起控制作用的地点称为控制点。污水管道上游起点大都是这条管道的控制点。这些控制点中离出水口最远的一点，通常就是整个系统的控制点。另外，具有相当深度的工厂排出口或某些低洼地区的管道起点，也可能成为整个管道系统的控制点。这些控制点的管道埋深，会影响整个污水管道系统的埋深。

确定控制点的标高，一方面应根据城镇总体竖向规划，保证管网服务区内各点的污水都能顺利排出，并考虑远期发展，在埋深上留有适当余地；另一方面，不能因为照顾个别控制点而增加整个管道系统的埋深。

在污水管道系统中，受地形条件等因素影响，通常可能需要设置中途泵站、局部泵站和终点泵站。当污水管道埋深接近最大值时，为提高下游管段的管底高程而设置的泵站称为中途泵站，如图5-4（a）所示。将低洼地区的污水抽升到地势较高地区管道中或将高层建筑的地下室、地铁或其他建筑物的污水提升至附近管道系统的泵站称为局部泵站，如图5-4（b）所示。对于污水管网末端的管道，其埋深通常较大，而污水处理厂出水因受纳水体水位的限值，处理构筑物一般都建在地面上或埋深很浅，因此需要设置泵站将污水提升至污水厂第一个处理构筑物，这种泵站称为终点泵站或总泵站，如图5-4（c）所示。

污水泵站设置的具体位置应结合当地环境卫生、地质、电源和施工条件等因素，并征询规划、环保、城建、卫生等部门的意见确定。

5.4.3 较大坡度地区管段设计

当污水管道敷设地点有自然地形坡度可以利用时，管道可以沿地面坡度敷设。这种方法的特点是设计管段的污水流速较大，通常能够满足规范规定的最小设计流速要求，在选择管段直径时主要考虑不超过最大充满度的要求，也就是说要选用满足最大设计充满度要求的最小管径，以减少工程费用。

在地面坡度较大的地区，可以采用地面坡度作为管段的设计坡度，用已知的管道设计流量和最大充满度作为约束条件，即可求出设计管段的直径 D。计算方法如下。

（1）根据地形和管段两端节点处的埋深条件计算期望坡度 I：

$$I=\frac{(E_1-H_1)-(E_2-H_2)}{L} \tag{5-10}$$

式中，E_1、E_2 分别为管段上、下游节点处的地面高程，m；H_1、H_2 分别为管段上、下游节点处的管道埋深，m；L 为管段长度，m。

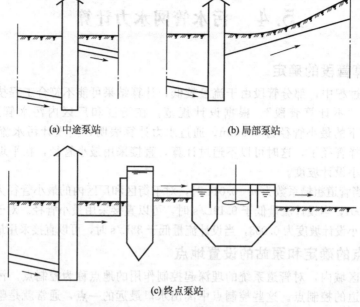

(a) 中途泵站   (b) 局部泵站

(c) 终点泵站

图 5-4　污水泵站的设置地点

（2）根据设计流量、期望坡度和最大充满度（在管径未确定前，先假定采用某管径的最大充满度），运用水力学图表进行水力计算，得出计算管径。

如果计算出的管道直径为非标准管径，应选取略大于计算管径的标准管径。若其最大充满度与计算过程不符，则应重新计算。

（3）根据设计流量、坡度和选取的标准管径，再计算充满度 h/D 和标准管径的流速。

5.4.4　平坦或反坡地区管段设计

当污水管道敷设地点地形比较平坦甚至是反坡时，管径选择较为复杂。因为对于给定设计流量的某一管段而言，若选择较小的管径，则管道造价降低，但同时需要较大的敷设坡度，使下游管段埋深增加，施工费用增加；若选择较大的管径，则管道造价提高，但敷设坡度可以减小，这有利于减小下游管段埋深和降低施工费用。因此，平坦或反坡地区管段设计不但要考虑规范规定的最小流速、最大充满度等技术要求，还要认真分析经济性问题。在实际工程中，多数情况下为平坦或反坡地区的管段设计问题。

然而平坦或反坡地区管段设计也有一定规律可循。首先，可根据技术条件确定一个最大可用管径。经验表明，在一定设计流量下，采用较大的管径可以降低坡度要求；当管径大到一定值时，管内流速将小于规范要求的最小流速；若继续增大管径，为满足最小流速要求加大水力坡度，这显然是不经济的。另外统计资料表明，相对于对污水管道造价影响最大的埋深因素，管径增加造成的管材费用增加占管道总造价的比例很低，特别是对于控制下游管段埋深的管网起端管段以及管径较小的管段，它们管径增大所增加的材料费用对工程总造价影响很小，但其坡度变化对本管段和下游管段造价的影响是非常显著的。最后，对于管网末端管段或设计流量较大的管段，可以采用最大管径和稍小一些的标准管径，但一般也只需要考虑小 1～3 级的标准管径，因为当管径太小时，坡度会显著增加，这显然是不经济的。此时管径设计必须进行一定的方案技术经济比较，或采用其他优化设计手段。

确定设计管径之后，管段坡度也随之确定，最后，根据设计流量、管径和坡度等参数，利用水力计算图确定设计流速和充满度等。

5.4.5 管段衔接设计

除了确定各管段直径和敷设坡度外，污水管网设计还必须处理好各管段之间的衔接。衔接设计是由上游管段向下游管段逐步进行的，首先是确定管段起点埋深，对于非起点管段，则需要确定它与上游管段的衔接关系。在进行管段衔接设计时，应根据实际情况确定衔接方式，从施工难易程度来说，应优先考虑采用管顶平接。本管段的起点埋深和长度确定后，根据其设计流量确定管径、坡度和充满度等，然后计算本管段的终点埋深，以此作为下游管段的衔接条件。本管段终点的埋深：

$$(E_2 - H_2) = (E_1 - H_1) - IL \tag{5-11}$$

式中，L 为管段长度，m；I 为管段坡度；其余符号意义同式（5-10）。

一般情况下，随着管段设计流量逐段增加，设计流速也相应增大。只有当坡度大的管道连接到坡度小的管道，且下游管段的流速已大于 1.0m/s（陶土管）或 1.2m/s（混凝土管和钢筋混凝土管）的条件下，设计流速才允许减小。同时随着设计流量增加，设计管径也相应增大，但当坡度小的管道连接到坡度大的管道时，下游管道管径可以减小，但减小的幅度不得超过 50～100mm。

5.4.6 污水管网设计计算举例

污水管网设计计算的主要步骤包括：

(1) 在小区平面图上布置污水管道；

(2) 将街区编号并计算街区面积；

(3) 划分设计管段，计算设计流量；

(4) 污水管段水力计算；

(5) 绘制管道平面图和纵剖面图。

【例 5-1】 某城镇居住小区街区总面积为 50.20hm²，其平面图如图 5-5 所示，人口密度为 350cap/hm²，居民生活污水定额为 120L/(人·d)，有两座公共建筑：火车站的设计污水量为 3.0L/s、公共浴室的设计污水量为 4.0L/s；工厂甲和工厂乙的设计污水量（包括工业

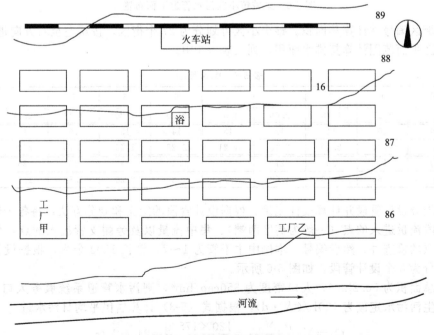

图 5-5 某城镇小区平面图

废水、厂区生活污水和淋浴污水）分别为25.0L/s和6.0L/s，工厂甲废水排出口的管底埋深为2.0m。小区内全部污水统一送至污水厂处理，试进行该小区污水管道设计计算。

【解】（1）在小区平面图上布置污水管道。该小区地势自北向南倾斜，坡度较小，无明显分水线，可划分为一个排水流域。污水干管垂直于等高线布置，污水支管布置在街区地势较低一侧的道路下，主干管则沿小区南侧河岸布置，基本与等高线平行。整个管道系统平面呈截流式形式布置，如图5-6所示。

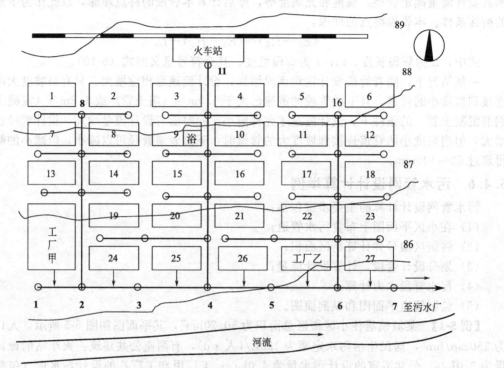

图5-6 某城镇小区污水管道平面布置

（2）街区编号并计算其面积。整个小区可划分为27个街区，按从左至右方向进行编号，并按各街区平面范围计算其排水面积，列入表5-5中。

表5-5 街区面积

街区编号	1	2	3	4	5	6	7	8	9
面积 A_i	1.21	1.70	2.08	1.98	2.20	2.20	1.43	2.21	1.96
街区编号	10	11	12	13	14	15	16	17	18
面积 A_i	2.04	2.40	2.40	1.21	2.28	1.45	1.70	2.00	1.80
街区编号	19	20	21	22	23	24	25	26	27
面积 A_i	1.66	1.23	1.53	1.71	1.80	2.20	1.38	2.04	2.40

（3）划分设计管段并计算设计流量。根据设计管段的定义和划分方法，将各干管和主干管中有本段流量进入的点（一般为街区两端）、集中流量以及旁侧支管流入的点，作为设计管段起讫点的检查井，然后编号。本例中主干管为1~7，管长1200余米，根据设计流量变化情况划分为6个设计管段，如图5-6所示。

小区总面积为50.2hm²，人口密度为350cap/hm²，则污水管道系统服务人口为17570人；小区生活污水定额为120L/(人·d)，根据式（5-3）计算居民平均日污水量

$$Q_d = \sum \frac{q_{1i}N_{1i}}{24 \times 3600} = \frac{120 \times 17570}{24 \times 3600} = 24.40L/s$$

根据表5-1，用内插法计算出生活污水量的总变化系数为1.90，得出居民生活污水设计流量

$$Q_1 = Q_d K_z = 24.40 \times 1.90 = 46.36 \text{L/s}$$

公共建筑污水和工业废水量为已知，忽略地下水入渗量，根据式（5-7）计算小区设计总流量

$$Q = Q_1 + Q_2 + Q_3 + Q_4 = 46.36 + 7 + 31 = 84.36 \text{L/s}$$

然后利用污水管道水力计算基本公式对各设计管段进行列表计算，在初步设计中只计算干管和主干管的设计流量。其中管道6—7接纳的污水量等于整个小区的污水流量，这与用式（5-7）计算出的设计总流量相等，均为84.36L/s。

居民生活污水平均日流量按街区面积平均分配，得出比流量为

$$q_0 = \frac{Q_d}{\sum A_i} = \frac{24.40}{50.20} = 0.486 \text{L/(s·hm}^2\text{)}$$

管段1—2为主干管的起始管段，只接纳集中流量：工厂甲排放的污水量为25L/s。管段2—3除接纳街区24排入的本段流量外，还转输来自上游管段1—2的集中流量和管段8—2的生活污水流量。街区24的排水面积为2.2hm²，该管段的日平均流量为0.486×2.2 = 1.07L/s，而由管段8—9—10—2汇入管段2—3的生活污水日平均流量为0.486×（1.21 + 1.7 + 1.43 + 2.21 + 1.21 + 2.28）= 4.88 L/s，则管段2—3接纳的生活污水日平均流量为1.07 + 4.88 = 5.95 L/s，查表5-1，用内插法计算出总变化系数为2.20，则管段2—3接纳的居民生活污水设计流量为5.95×2.20 = 13.09 L/s。根据以上计算，得出管段2—3的设计流量为13.09 + 25 = 38.09 L/s。

其余管段设计流量的计算方法与管段2—3相同。各管段设计流量的计算结果见表5-6。

表5-6 污水干管设计流量计算

管段编号	居民生活污水日平均流量分配							管段设计流量				
	本段				转输流量/(L/s)	合计流量/(L/s)	总变化系数	沿线流量/(L/s)	集中流量		设计流量/(L/s)
	街区编号	面积/hm²	比流量/[(L/s)/hm²]	流量/(L/s)					本段/(L/s)	转输/(L/s)	
1	2	3	4	5	6	7	8	9	10	11	12
1—2									25.00		25.00
8—9					1.41	1.41	2.3	3.24			3.24
9—10					3.18	3.18	2.3	7.31			7.31
10—2					4.88	4.88	2.3	11.23			11.23
2—3	24	2.20	0.486	1.07	4.88	5.95	2.2	13.09		25	38.09
3—4	25	1.38	0.486	0.67	5.95	6.62	2.2	14.56		25	39.56
11—12									3.00		3.00
12—13					1.97	1.97	2.3	4.53		3	7.53
13—14					3.91	3.91	2.3	8.99	4.00	3	15.99
14—15					5.44	5.44	2.2	11.97		7.00	18.97
15—4					6.85	6.85	2.2	15.07		7.00	22.07
4—5	26	2.04	0.486	0.99	13.47	14.46	2.0	28.92		32	60.92
5—6					14.46	14.46	2.0	28.92	6.00	32	66.92
16—17					2.14	2.14	2.3	4.92			4.92
17—18					4.47	4.47	2.3	10.28			10.28
18—19					6.32	6.32	2.2	13.90			13.90
19—6					8.77	8.77	2.1	18.42			18.42
6—7	27	2.40	0.486	1.17	23.23	24.4	1.9	46.36		38	84.36

（4）水力计算。确定各管段设计流量后，便可以从上游管段开始依次进行主干管上各设计管段的水力计算。

设计采用混凝土圆管，粗糙系数 $n=0.014$。

以管段1—2和2—3的水力计算为例，节点1为主干管的起点且有集中流量进入，节点1的埋深受工厂甲排出管埋深的控制，因此以节点1作为小区污水管道系统的控制点，控制整个管网埋深。管网其他起点的最小埋深要求低于1.0m。

① 管段1—2水力计算。从小区平面图可知，节点1的地面标高为86.2m，而节点1的埋深为2.0m，则该点污水管道管内底标高为 $86.20-2.00=84.20$m。节点2的最小埋深采用1.0m，该点管内底期望标高为 $86.10-1.00=85.10$m，说明管段1—2为反坡，作为起点管段，可以直接选用最大可用管径，根据该段设计流量25.0L/s查阅水力计算表，确定管段1—2管径 $D=350$mm、敷设坡度 $I=0.00201$、充满度 $h/D=44.7\%$、流速 $v=0.60$m/s。

② 管段1—2衔接设计。管段1—2内的污水水深为：充满度×管径 $=0.447\times0.35=0.16$m，则节点1处水面标高为 $86.20+0.16=84.36$m，该管段的降落量 $iL=0.00201\times110=0.22$m；则节点2处水面标高为 $84.36-0.22=84.14$m，节点2处管内底标高为 $84.20-0.22=83.98$m，根据节点2处地面标高计算该点管段埋深为 $86.10-83.98=2.12$m。

设计管段1—2与2—3采用水面平接，则管段2—3的起点水面标高与管段1—2的终点水面标高相等，为84.14m。

③ 管段2—3水力计算。管段2—3起点管内底标高与管段1—2终点管内底标高接近，近似等于83.98m，管段2—3终点管内底标高的期望值为 $86.05-1.00=85.05$m>83.98m，该管段仍为反坡，可以直接采用最大可用管径；根据设计流量38.09L/s查阅水力计算表，确定该段管径 $D=350$mm，敷设坡度 $i=0.00154$，充满度 $h/D=62.7\%$，流速 $v=0.60$m/s。

④ 管段2—3衔接设计。管段2—3内的污水水深为：$h/D\times D=0.627\times0.35=0.22$m，则该管段起点处管内底标高为 $84.14-0.22=83.92$m，该管段的降落量 $IL=0.00154\times250=0.39$m；则节点3处水面标高为 $84.14-0.39=83.75$m，节点3处管内底标高为 $83.92-0.39=83.53$m；则管段2—3起点埋深 $86.10-83.92=2.18$m，终点埋深 $86.05-83.53=2.52$m。

设计管段2—3与管段3—4采用水面平接，则管段3—4的起点水面标高与管段2—3的终点水面标高相等，为83.75m。

按此方法对主干管1—7进行逐段计算，最终得出污水管网终点即节点7处管道埋深为3.27m。主干管的水力计算结果详见表5-7。

表5-7　污水主干管水力计算

管段编号	管长 L/m	设计流量 /(L/s)	管径 D /mm	坡度 I /‰	流速 v /(m/s)	充满度		降落量	标高/m						埋深 /m	
						h/D /%	h /m	IL /m	地面		水面		管内底			
									起点	终点	起点	终点	起点	终点	起点	终点
1	2	3	4	5	6	7	8	9	10	11	12	13	14	15	16	17
1—2	110	25.00	350	2.01	0.60	44.7	0.16	0.22	86.20	86.10	84.36	84.14	84.2	83.98	2.00	2.12
2—3	250	38.09	350	1.54	0.60	62.7	0.22	0.39	86.10	86.05	84.14	83.75	83.92	83.53	2.18	2.52
3—4	170	39.56	350	1.51	0.60	64.8	0.23	0.26	86.05	86.00	83.75	83.49	83.52	83.26	2.53	2.74
4—5	220	60.92	450	1.12	0.60	61.0	0.27	0.25	86.00	85.90	83.49	83.24	83.22	82.97	2.79	2.93
5—6	240	66.92	500	1.04	0.60	55.4	0.28	0.25	85.90	85.80	83.24	82.99	82.96	82.71	2.94	3.09
6—7	240	84.36	500	0.92	0.60	67.3	0.34	0.22	85.80	85.70	82.99	82.77	82.65	82.43	3.15	3.27

（5）绘制管道平面图和纵剖面图。在水力计算结束后，应将各管段管径、坡度及埋深等数据标注在纵剖面图上，检查管网系统的埋深是否合理，详见本章 5.5 节。

5.5　管道平面图和纵剖面图绘制

污水管道的平面图和纵剖面图，是污水管道设计的主要图纸。根据设计阶段不同，图纸表现的深度亦有所不同。

初步设计阶段的管道平面图就是管道总体布置图。通常采用的比例尺为 1∶5000～1∶10000，图上有地形、地物、河流、风玫瑰和指北针等。已有污水管道和设计污水管道用粗线条表示，在管线上画出设计管段起讫点的检查井并编上号码，标出各设计管段的服务面积、可能设置的中途泵站和局部泵站、倒虹管或其他特殊构筑物等。初步设计的管道平面图上还应将主干管各设计管段的长度、管径和坡度在图上注明。此外，图上应有管道的主要工程项目表和说明。

施工图阶段的管道平面图比例尺常用 1∶1000～1∶5000，图上内容与初步设计基本相同，但要求更为详细确切。要求标明检查井的准确位置及污水管道与其他地下管线或构筑物交叉点的具体位置、高程，居住区街坊连接管或工厂废水排出管接入污水干管或主干管的准确位置和高程，地面设施包括人行边道、房屋界限、电杆、街边树木等。图上还应有图例、主要工程项目表和施工说明。

污水管道的纵剖面图反映管道沿线的高程位置，它和平面图是相对应的，图上用单线条表示原地面高程线和设计地面高程线，用双线条表示管道高程线，用双竖线表示检查井。图中还应标出沿线支管接入处的位置、管径、高程；与其他地下管线、构筑物或障碍物交叉点的位置和高程；沿线地质钻孔位置和地质情况等。在剖面图的下方设置一个表格，表中列有检查井号、管道长度、管径、坡度、地面高程、管内底高程、埋深、管道材料、接口形式和

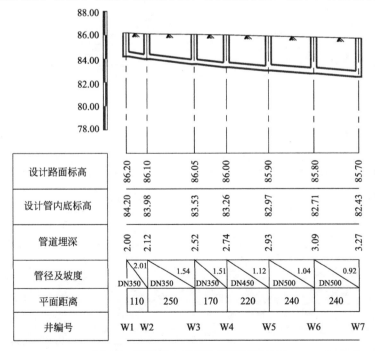

设计路面标高	86.20	86.10	86.05	86.00	85.90	85.80	85.70
设计管内底标高	84.20	83.98	83.53	83.26	82.97	82.71	82.43
管道埋深	2.00	2.12	2.52	2.74	2.93	3.09	3.27
管径及坡度	2.01 / DN350	1.54 / DN350	1.51 / DN350	1.12 / DN450	1.04 / DN500	0.92 / DN500	
平面距离	110	250	170	220	240	240	
井编号	W1　W2	W3	W4	W5	W6	W7	

图 5-7　某城镇小区污水管道平面布置

基础类型。有时也将流量、流速、充满度等数据注明。采用比例尺：一般横向为1：500～1：2000、纵向为1：50～1：200。图5-7为【例5-1】设计计算结果的管道纵剖面图，其横向比例为1：1000、竖向比例为1：200。对工程量较小且地形、地物较简单的污水管道工程，亦可不绘制剖面图，只需将管道的管径、坡度、管长、检查井的高程以及交叉点等注明在平面图上即可。

习　题

(1) 已知某居住区生活污水给水定额200L/(人·d)，设计人口数 $n=10000$，则居住区生活污水设计流量为多少 L/s?

(2) 某肉类联合加工厂每天宰杀活牲畜258t，废水量定额8.2m³/t活畜，总变化系数1.8，三班制生产，每班8h。最大班职工人数560人，其中在高温及污染严重车间工作的职工占总数的50%，使用淋浴人数按85%计，其余50%的职工在一般车间工作，使用淋浴人数按40%计。工厂居住区面积9.5公顷，人口密度580人/公顷，生活污水定额160L/(人·d)，各种污水由管道汇集送至污水处理站，试计算该厂的最大时污水设计流量。

(3) 某小区污水管线各管段的水力条件如图5-8所示，若1点埋深为1.5m，则3点的埋深为多少米?

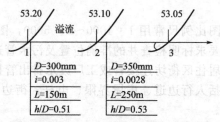

图 5-8　某小区污水管线示意

(4) 某管段 $L=50$m，$Q=35$L/s，其上下端地面标高分别为76.000m和66.000m，已知 $D=300$mm，$v=5.0$m/s，$h/D=0.5$，$i=0.13$，若上游管线 $D=250$mm，$h/D=0.5$，上游下端管底高程为75.050m，则该管段上端水面的高程为多少米?（覆土厚度采用0.7m）

第6章

雨水管渠设计

6.1 雨量分析与雨量公式

6.1.1 雨量分析

6.1.1.1 降雨量

降雨量是指降雨的绝对量,即降雨深度。另外降雨量也可用单位面积上的降雨体积表示。在研究降雨量时,很少以一场降雨为对象,而常以单位时间的降雨量来表示。常用的降雨量统计数据计量单位主要有年平均降雨量、月平均降雨量和最大日降雨量。

年平均降雨量:指多年观测的各年降雨量的平均值,单位为 mm/a。

月平均降雨量:指多年观测的各月降雨量的平均值,单位为 mm/月。

最大日降雨量:指多年观测的各年中降雨量最大的一日的降雨量,mm/d。

6.1.1.2 降雨历时

降雨历时是指降雨过程中的某一连续降雨时段,可以指全部降雨时间,也可以指其中个别的连续时段。

6.1.1.3 暴雨强度

暴雨强度是指某一降雨历时内的平均降雨量,即单位时间内的降雨深度。通过式(6-1)计算:

$$i = \frac{H}{t} \tag{6-1}$$

式中,i 为暴雨强度,mm/min;H 为降雨深度,mm;t 为时间,min。

在工程上,暴雨强度常用单位时间内单位面积上的降雨体积表示。

$1 \text{mm/min} = 1 \text{L/(min·m}^2) = 10000 \text{L/(min·hm}^2)$,所以暴雨强度

$$q = \frac{10000}{60}i = 167i \tag{6-2}$$

由式(6-1)和式(6-2)可知,暴雨强度的数值与所取的连续时间段 t 的跨度和位置有关。在城市暴雨强度公式推求中,经常采用的降雨历时为 5min、10min、15min、20min、30min、45min、60min、90min、120min 等 9 个历时数值,特大城市可以用到 180min。

6.1.1.4 暴雨强度频率

某一特定值暴雨强度出现的可能性一般是不可预知的。因此,需要对以往大量观测资料的统计分析,计算出该暴雨强度发生的频率,由此去推论今后发生的可能性大小。

某特定值暴雨强度频率是指等于或大于该值的暴雨强度出现的次数与观测资料总项数之比。该定义的基础是假定降雨观测资料年限非常长,可代表降雨的整个历史过程。但实际上

只能取得一定年限内有限的暴雨强度值。因此在水文统计中，计算得到的暴雨强度频率又称做经验频率。一般观测资料的年限越长，则经验频率出现的误差就越小。

假定等于或大于某特定值暴雨强度的次数为 m，观测资料总项数为 n（为降雨观测资料的年数 N 与每年选入的平均雨样数 M 的乘积），则该特定值暴雨强度频率如下：

$$P_n = \frac{m}{n+1} \times 100\%$$

(6-3)

式中，P_n 为暴雨强度频率。

当每年只选取一个代表性数据组成统计序列时（年最大值法选样），则 $n=N$ 为资料年数，求出的频率值称为"年频率"；而当每年取多个数据组成统计序列时，则 $n=NM$ 为数据总个数，求出的频率值为"次（数）频率"。

6.1.1.5 暴雨强度重现期

暴雨强度重现期是指在一定长的统计期间内，等于或大于某暴雨强度的降雨出现一次的平均间隔时间，单位以年（a）表示。

重现期 P 与频率 P_n 的关系可直接按定义由下式表示：

$$P = \frac{1}{P_n} = \frac{n+1}{m}$$

(6-4)

需要注意的是，某一暴雨强度的重现期等于 P，并不是说大于等于某暴雨强度的降雨每隔 P 年就会发生一次。P 年重现期是指在相当长的一个时间序列（远远大于 P 年）中，大于等于该指标的数据平均出现的可能性为 $1/P$。对于一个具体的 P 年时间段而言，大于等于该强度的暴雨可能出现一次，也可能出现数次或根本不出现。

6.1.2 暴雨强度公式

在实际应用中，根据数理统计理论，暴雨强度 q（或 i）、降雨历时 t 和重现期 P 之间的关系可用一个数学表达式来表示，称为暴雨强度公式。

不同的国家和地区，气候条件不同，降雨的分布规律有很大差异，因此暴雨强度公式也不同。《室外排水设计规范》（GB 50014—2006）规定，我国的暴雨强度公式为：

$$q = \frac{167A_1(1+C\lg P)}{(t+b)^n}$$

(6-5)

式中，q 为设计暴雨强度，$L/(s \cdot hm^2)$；t 为降雨历时，min；P 为设计重现期，a；A_1，C，n，b 为待定参数。

附录 1 中收录了我国若干城市的暴雨强度公式，可供计算雨水管渠设计流量时选用。目前我国还有一些城镇无暴雨强度公式，当这些城镇需设计雨水管渠时，可选用附近地区城市暴雨强度公式。

6.2 雨水管渠设计流量计算

6.2.1 雨水管渠设计流量计算

对于雨水管渠的设计流量，我国目前仍对小流域按排水面积上的雨水最大流量计算，采用按极限强度法原理推出的推理公式法。我国的雨水设计流量计算公式如下：

$$Q = \psi q F$$

(6-6)

式中，Q 为雨水设计流量，L/s；q 为设计暴雨强度，$L/(s \cdot hm^2)$；ψ 为径流系数；F 为汇水面积，hm^2。

当有允许排入雨水管道的生产废水排入雨水管道时，应将其水量计算在内。

随着排水管渠计算断面位置的不同，管渠的计算汇水面积也不一样，从汇水面积最远端到不同的计算断面处的集流时间 τ_0（包括管道内的流行时间）也是不一样的，在计算设计暴雨强度时，应采用不同的降雨历时 t（$t = \tau_0$）。

6.2.2 地面径流与径流系数

降落在地面上的雨水在沿地面流动的过程中，一部分雨水被地面上的植物、洼地、土壤或地面缝隙截留，剩余的雨水在地面上沿地面坡度流动，称为地面径流。地面径流的流量称为雨水地面径流量。雨水管渠系统的功能就是排除雨水地面径流量。一定汇水面积内地面径流量与降雨量的比值称为径流系数 ψ，ψ 小于 1。

地面径流系数的值与汇水面积上的地面材料性质、地形地貌、植被分布、建筑密度、降雨历时、暴雨强度及暴雨雨型有关。当地面材料透水率较小、植被较少、地形坡度较大、雨水流速较快时，径流系数较大。径流系数的取值见表 6-1。

表 6-1　径流系数

地面种类	径流系数 ψ
各种屋面、混凝土或沥青路面	0.85~0.95
大块石铺砌路面或沥青表面处理的碎石路面	0.55~0.65
级配碎石路面	0.40~0.50
干砌砖石或碎石路面	0.35~0.40
非铺砌土路面	0.25~0.35
公园或绿地	0.10~0.20

如果汇水面积是由不同性质的地面覆盖所组成的，通常根据各类地面的面积数或所占的比例，采用加权平均法，计算整个汇水面积上的平均径流系数 ψ_{av}。

$$\psi_{av} = \frac{\sum F_i \psi_i}{F} \tag{6-7}$$

式中，ψ_{av} 为平均径流系数；F_i 为汇水面积上各类地面的面积；ψ_i 为相应于各类地面的径流系数；F 为总汇水面积。

由于平均径流系数 ψ_{av} 的计算要分别确定总汇水面积上的地面种类及其相应面积，工作量较大且有时还得不到所需的准确数据。因此，在工程设计中经常采用综合径流系数，见表 6-2。

表 6-2　综合径流系数

区域情况	区域综合径流系数 ψ
城市建筑密集区	0.60~0.70
城市建筑较密集区	0.45~0.60
城市建筑稀疏区	0.20~0.45

6.2.3 设计重现期的确定

从暴雨强度公式可知，暴雨强度随重现期的不同而不同。在雨水排水系统设计中，若采用较高的设计重现期，则计算所得设计暴雨强度及设计排水量较大，管渠的断面及排水管网系统设计规模相应增大，但排水系统的建设投资较高；反之，若采用较低的设计重现期，则管渠断面可相应减小，排水系统的建设投资降低，但可能发生排水不畅、安全性降低、地面积水，严重时将会给生产生活带来危害。因此，设计重现期的采用必须结合我国国情，从技术和经济两方面综合考虑。

雨水管渠设计重现期，应根据汇水地区性质、地形特点和气候特征等因素确定。同一排水系统可采用同一重现期或不同重现期。重现期应采用 1~3a，重要干道、重要地区或短期积水即能引起较严重后果的地区，应采用 3~5a，并应与道路设计协调，经济条件较好或有特殊要求的地区宜采用规定的上限。特别重要地区可采用 10a 或以上。

6.2.4 断面集水时间与折减系数

断面集水时间是指雨水从相应汇水面积上的最远点流到设计的管渠断面所需要的时间。

对于雨水管渠的任一设计断面，断面集水时间 t 为

$$t = t_1 + m t_2 \tag{6-8}$$

$$t_2 = \sum \frac{L_i}{60 v_i}$$

式中，t_1 为地面集水时间，min，视距离长短、地形坡度铺盖情况而定，一般采用 5~15min；m 为折减系数，暗管折减系数 $m=2$，明渠折减系数 $m=1.2$，在陡坡地区，暗管折减系数 $m=1.2~2$，经济条件较好、安全性要求较高地区的排水管渠 m 可取 1；t_2 为管渠内雨水流行时间，min；L_i 为设计断面上游各管道的长度，m；v_i 为上游各管道中的设计流速，m/s。

引进折减系数的原因如下。

（1）雨水管渠是按满流进行设计的，但是实际雨水管渠中的水流并非一开始就达到设计状况，而是随着降雨历时的增长才能逐渐形成满流，其流速也是逐渐增大到设计流速的。另外，各管段中的"洪峰"流量不会同时出现，各管段在不同的时间会出现非满流管，当在某一管渠上达到"洪峰"流量时，该断面上游的管渠可能还处于非满管流状态。而且一个设计管段上的汇集水量是沿该管段长度方向分散接入的，并非其上游节点的集中流量，在该管段的计算流量条件下，发生满管流的断面只能出现在该管段的下游节点处，而发生满管流的断面上游管渠中的水流应是非满管流状态。这样就出现了按满流设计流速计算所得的雨水流行时间小于管渠内实际雨水流行时间的情况，使得计算出的管渠断面偏大，造成投资增加。

（2）发生非满管流的管渠中的空间对水流可以起到缓冲和调蓄作用，使洪峰流量断面上的水流由于水位升高而使上游的来水流动减缓，使一部分上游来水暂时贮存在此空间内，从而降低其高峰流量，减小管渠断面尺寸，降低工程造价。因此折减系数又被称为容积利用系数。需要注意的是，这种调蓄作用只有在该管段内水流处于压力流条件下才可能实行。因为只有处于压力流管段的水位高于其上游管段未满流时的水位足够大时，才能在此水位差作用下形成回水，迫使水流逐渐向上游管段空隙处流动而充满其空隙。由于这种水流回水造成的滞流状态，使管渠内实际流速低于设计流速，也就使管内的实际水流时间增大。

6.2.5 汇水面积

汇水面积是指雨水管渠汇集降雨的地面面积。一般的大雷雨能覆盖 1~5km² 的地区，有时可高达数千平方公里。一场暴雨在其整个降雨的面积上雨量分布并不均匀。但是对于城市排水系统，汇水面积一般较小，一般小于 100km²，其最远点的集水时间往往不超过 3~5h，大多数情况下，集水时间不超过 60~120min。因此，可以假定降雨量在城市排水小区域面积上是均匀分布的。

6.2.6 特殊情况下雨水设计流量的确定

一般情况下，上述按极限强度法计算雨水管渠的设计流量是合理的。但在特殊情况下，当汇水面积的轮廓形状很不规则，即汇水面积呈畸形增长时（包括几个相距较远的独立区域

雨水的交汇）、汇水面积地形坡度变化较大或汇水面积各部分径流系数有显著差异时，就可能发生管渠的最大流量不是发生在全部面积参与径流时，而是发生在部分面积参与径流时的现象。

6.3 雨水管渠设计与计算

6.3.1 雨水管渠平面布置特点

（1）充分利用地形，就近排入水体。在水质符合排放水质标准的条件下，雨水管渠应尽量利用自然地形坡度，靠重力流方式以最短的距离排入附近的池塘、河流、湖泊等水体中。

一般情况下，当地形坡度较大时，雨水干管宜布置在地面标高较低处或溪谷线上；当地形平坦时，雨水干管宜布置在排水流域的中间，以便于支管就近接入，尽可能地扩大重力流排除雨水的范围。

雨水管渠接入池塘或河道的出水口的构造一般比较简单，造价不高，通过增加出水口不致大量增加基建费用，而由于雨水就近排放，管线较短，管径也较小，可以降低工程造价。因此雨水干管的平面布置宜采用分散式出水口的管道布置形式。

当河流的水位变化很大，管道出口离水体很远时，出水口的构造比较复杂，建造费用较大，则应考虑集中式出水口的管道布置。这时应尽可能利用地形使管道与地面坡度平行，减小管道埋深，并使雨水自流排放。当地形平坦且地面平均标高低于河流的洪水水位，或管道埋设过深时，应将管道出口适当集中，在出水口前设置雨水泵站，将雨水提升后排入水体。由于雨水泵站的造价及运行费用很大而且使用的频率不高，因此要尽可能地使通过雨水泵站的流量减到最小，以节省泵站的工程造价和运行费用。

（2）与城市规划相协调。雨水管渠系统应根据城镇总体规划和建设情况统一布置，分期建设。管渠平面位置和高程，应根据地形、土质、地下水位、道路情况、原有的和规划的地下设施、施工条件以及养护管理方便等因素综合考虑确定。雨水管渠宜沿城镇道路敷设，并与道路中心线平行，宜设在快车道以外。截流干管宜沿受纳水体岸边布置。管渠高程设计除考虑地形坡度外，还应考虑与其他地下设施的关系以及接户管的连接方便。道路红线宽度超过40m的城镇干道，宜在道路两侧布置雨水管道。

（3）合理设置雨水口，保证路面雨水排除通畅。一般在街道交叉路口的汇水点、低洼处均应设置雨水口。此外在道路上一定距离处也应设置雨水口，其间距宜为25～50m，容易产生积水的区域应适当增加雨水口的数量。

（4）有条件时应尽量采用明渠排水。在城郊或新建工业区、建筑密度较低的地区和交通量较小的地方，可考虑采用明渠，以节省工程费用，降低工程造价。在城市市区或工厂内，由于建筑密度较高，交通量较大，雨水管道一般应采用暗管。在每条雨水干管的起端，利用道路边沟排除雨水，可以减小暗管长度约100～200m，这对降低整个管渠系统的工程造价很有意义。

当暗管接入明渠时，管道应设置挡土的端墙，连接处的土明渠应加以铺砌，铺砌高度不低于设计超高，铺砌长度自管道末端起3～10m。当跌水落差为0.3～2m时，需做45°斜坡，斜坡应加以铺砌，当落差大于2m时，应按水工构筑物设计。

当明渠接入暗管时，也宜适当跌水，在跌水前3～5m即需进行铺砌，并应采用上述的其他防冲刷措施。另外还应设置格栅，栅条间距采用100～150mm，防止杂物进入管道造成堵塞。

（5）设置排洪沟排除设计地区以外的雨洪径流。在进行城市雨水排水系统设计时，应考虑不允许规划范围以外的雨、洪水进入市区。对于靠近山麓建设的工厂和居住区，除在厂区和居住区设雨水管渠外，还应考虑在设计地区周围或超过设计区设置排洪沟，以拦截从分水岭以内排泄下来的洪水，引入附近水体，保证工厂和居住区的安全。

6.3.2　雨水管渠设计参数

为保证雨水管渠正常工作，避免发生淤积、冲刷等现象，对雨水管渠水力计算的基本参数规定如下。

（1）设计充满度。由于雨水较污水清洁得多，对环境的污染较小，加上暴雨径流量大，而相应的较高设计重现期的暴雨强度的降雨历时一般不会很长，且从减少工程投资的角度来讲，雨水管渠允许溢流。因此雨水管渠和合流管渠的充满度应按满管流计算。明渠超高不得小于0.2m，街道边沟超高不得小于0.03m。

（2）设计流速。由于雨水中携带的泥沙含量比污水大得多，为了避免雨水所携带的泥沙等无机物在管渠内沉淀下来从而堵塞管渠，雨水管渠所选用的最小设计流速应大于污水管渠。雨水管道和合流管道在满流时的最小设计流速为0.75m/s。明渠由于便于清淤疏通，可采用较低的设计流速，明渠的最小设计流速为0.4m/s。

为了防止管壁和渠壁的冲刷损坏，雨水管渠的设计流速不得超过一定的限度。雨水管道的最大设计流速宜为：金属管道10.0m/s，非金属管道5.0m/s，非金属管道最大设计流速经过试验验证可适当提高。

排水明渠的最大设计流速，当水流深度为0.4～1.0m时，宜按表6-3取值。当水流深度$h < 0.4$m时，乘以系数0.85；当水流深度1.0m$< h <$2.0m时，乘以系数1.25；当水流深度$h \geqslant 2.0$m时，乘以系数1.40。

表6-3　明渠最大设计流速

明渠类别	最大设计流速/(m/s)	明渠类别	最大设计流速/(m/s)
粗砂或低塑性粉质黏土	0.8	干砌块石	2.0
粉质黏土	1.0	浆砌块石或浆砌砖	3.0
黏土	1.2	石灰岩和中砂岩	4.0
草皮护面	1.6	混凝土	4.0

排水管道采用压力流时，压力管道的设计流速宜采用0.7～2.0m/s。

（3）最小管径与相应最小设计坡度。为了保证管道在养护上的便利，便于管道的清淤疏通，雨水管道的管径不能太小，因此规定了最小管径。为了保证管内不发生沉积，雨水管内的最小坡度应按最小流速计算确定。雨水管和合流管的最小管径为300mm，相应的最小坡度：塑料管为0.002，其他管为0.003；雨水口连接管的最小管径为200mm，相应的最小坡度为0.01。

6.3.3　雨水管渠水力计算方法

雨水管渠的水力计算可按明渠均匀流公式进行，即

$$Q = \omega v \tag{6-9}$$

$$v = \frac{1}{n} R^{\frac{2}{3}} I^{\frac{1}{2}}$$

式中，Q为流量，m^3/s；ω为过水断面面积，m^2；v为流速，m/s；n为粗糙系数；R为水力半径，m；I为水力坡度。

在工程设计中，通常在选定管材后，n 即为已知数值，而设计流量 Q 也是经计算后求得的已知数，所以剩下的只有 3 个未知数 D、v 及 I。

这样在实际应用中，就可以参照地面坡度 i，假定管底坡度 I，从水力计算图中求得 D、v 及 I，并使所求的 D、v 及 I 各值符合水力计算基本数据的技术规定。

【例 6-1】 已知 $n=0.014$，设计流量 $Q=200$L/s，该管段地面坡度 $i=0.004$，试计算该管段的管径 D、管底坡度 I 及流速 v。

【解】 设计采用 $n=0.014$ 的水力计算图。

先在横坐标轴上找到 $Q=200$L/s 值，做竖线；在纵坐标轴上找到 $i=0.004$ 值，做横线。将此两线交于 A 点，找出该点所在的 v 及 D 值。得到 $v=1.17$m/s，符合水力计算要求；而 D 值则介于 $D=400\sim500$mm 两斜线之间，不符合管材统一规格的规定，因此管径 D 必须调整。

设采用 $D=400$mm 时，则将 $Q=200$L/s 的竖线与 $D=400$mm 的斜线相交于 B 点，从附图 5 中得出交点处的 $I=0.0092$ 及 $v=1.60$m/s。此结果 v 符合要求，而 I 与原地面坡度相差很大，势必增加管道的埋深，不宜采用。

设采用 $D=500$mm 时，则将 $Q=200$L/s 的竖线与 $D=500$mm 的斜线相交于 C 点，从附图 7 中得出交点处的 $I=0.0028$ 及 $v=1.02$m/s。此结果 v 合适，故决定采用。

6.3.4 雨水管渠系统设计步骤

（1）排水管网布置。根据城镇排水规划，在 1：2000～1：10000 的规划地形图上布置雨水管道系统，确定干管和支管系统，确定管道的位置和排水方向。

（2）管网定线。在较大比例（1：500～1：1000）并绘有规范道路的地形图上，确定干管和支管的准确线路，划分汇水区域，计算汇水面积，进行管网管段和节点的图形划分和编码。

（3）确定管网控制点高程，布置雨水口。

（4）选定设计数据，如暴雨强度公式、降雨重现期、地面集水时间、径流系数和折减系数。

（5）进行管道水力计算，确定管段的断面、坡度和高程。

（6）绘制管道平面和高程断面图。平面图比例为 1：500～1：1000，高程断面图的高程比例为 1：50～1：100，长度比例为 1：500～1：1000。

（7）管网构筑物（管道基础、雨水口、检查井、出水口等）选用和设计。一般优先采用标准图设计，特殊构筑物需要专门设计。

6.3.5 设计计算例题

【例 6-2】 某城区雨水管道平面布置图如图 6-1 所示。已知城市暴雨强度公式为：

$$q[\text{L}/(\text{s} \cdot 10^4 \text{m}^2)]=\frac{2928.3(1+0.95\lg T)}{(t_1+mt_2+11.77)^{0.88}} \tag{6-10}$$

城市综合径流系数取 $C=0.62$，河流常水位为 58 m，最高洪水位（50 年一遇）为 61m，设计重现期取 $T=1$a，试进行该雨水排水系统的水力计算。

【解】 根据该规划区的条件和管网定线情况，采用 $t_1=10$ min，$m=2$（暗管排水），汇水面积和管道长度均从规划图中量取，具体计算过程详见表 6-4。根据水力计算结果，管道系统终点管内底标高为 59.005 m，在常水位以上，但在洪水位以下。为了保证城市在暴雨期间排水的可靠性，拟在 8—9 管段终点设提升泵站，提升水头为 2m。1—9 设计计算结果不变，9—10 管段的埋深提高 2m，终点管内底标高为 61.000m，在洪水位以上。根据水力计算结果绘制的管道纵剖面图如图 6-2 所示。

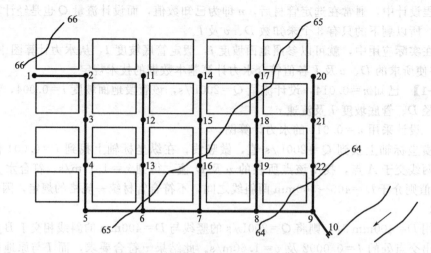

图 6-1　某城区雨水管道平面布置图

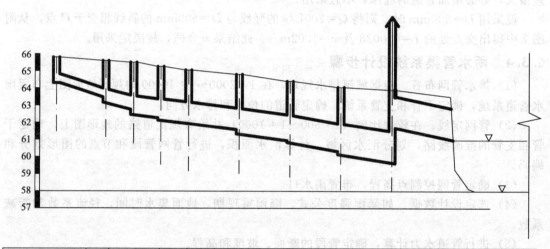

设计地面标高/m	65.800		65.600	65.500	65.250	65.050		64.800		64.400		64.050		63.900		63.500
设计管内底标高/m	64.300	63.475	63.175	62.761	62.461	62.263	62.133	61.951	61.951	61.588	61.338	60.942	60.842	60.314	60.114	59.685
															61.680	61.000
埋深/m	1.50	2.125	2.425	2.739	3.039	2.987	3.137	3.099	3.099	3.212	3.412	3.458	3.558	3.736	3.936	4.215
															2.220	2.500
管长/m		330	180	180	180		330		330		330		330		400	
设计管段编号	1	2	3	4	5	6	7	8	9	10						

图 6-2　某城区雨水管道纵剖面图（初步设计）

管段 11—6、14—7、17—8 和 20—9 的水力计算结果满足系统接管上的要求，不影响主干管的埋深。

【例 6-3】　上述管网系统的提升泵站处设有溢流口与管段 9—10 相连接，其管内底标高为 61.680m，试校核在泵站不工作的条件下，管网系统的排水能力。

【解】　在泵站不工作的条件下，管网系统必须经过溢流口向河流排水，溢流口内底标高高于 8—9 管段下游端 2m，所以管网系统只能在压力流条件下工作。管段 1—9 水力计算的水面落差为 3.315m，在满流条件下，1—2 管段起端管顶至溢流口（设 9—10 管段也为满

表 6-4 雨水干管水力计算

设计管段号	管长 L/m	汇水面积 A/(×10⁴m²)	管内雨水流行时间/min		单位面积径流量 q_v/[L/(s·10⁴m²)]	设计流量 Q/(L/s)	管径 D/mm	水力坡度 S/‰	流速 v/(m/s)	管道输送能力 Q'/(L/s)	坡降 S·L/m	设计地面标高/m		设计管内底标高/m		埋深/m	
			$t_2=\sum\frac{L}{v}$	$\frac{L}{v}$								起点	终点	起点	终点	起点	终点
1	2	3	4	5	6	7	8	9	10	11	12	13	14	15	16	17	18
1—2	330	1.485	0	5.73	123.21	182.97	500	2.5	0.96	189	0.825	65.80	65.60	64.30	63.48	1.50	2.13
2—3	180	7.425	5.73	2.38	84.92	630.54	800	2.3	1.26	634	0.414	65.60	65.50	63.8	62.76	2.43	2.74
3—4	180	13.365	8.11	2.78	75.48	1008.84	1100	1.1	1.08	1025	0.198	65.50	65.25	62.46	62.26	3.04	2.99
4—5	180	19.305	10.89	2.83	66.93	1292.18	1250	0.9	1.06	1300	0.162	65.25	65.05	62.13	61.95	3.14	3.10
5—6	330	23.76	13.72	4.70	60.11	1428.23	1250	1.1	1.17	1440	0.363	65.05	64.80	61.95	61.59	3.10	3.21
6—7	330	47.52	18.42	3.96	51.54	2449.19	1500	1.2	1.39	2448	0.396	64.80	64.40	61.34	60.94	3.41	3.46
7—8	330	71.28	22.38	3.29	46.10	3286.04	1600	1.6	1.67	3350	0.528	64.40	64.05	60.84	60.31	3.56	3.74
8—9	330	95.04	25.67	3.37	42.43	4032.44	1800	1.3	1.63	4140	0.429	64.05	63.90	60.11	59.66	3.94	4.22
9—10	400	118.8	29.04	3.58	39.26	4664.18	1800	1.7	1.86	4737	0.68	63.90	63.50	61.68	61.00	2.22	2.50

表 6-5 压力流条件下雨水干管水力计算

设计管段号	管长 L/m	汇水面积 A/(×10⁴m²)	管内雨水流行时间/min		单位面积径流量 q_v/[L/(s·10⁴m²)]	设计流量 Q/(L/s)	管径 D/mm	水力坡度 S/‰	流速 v/(m/s)	管道输送能力 Q'/(L/s)	坡降 S·L/m	设计地面标高/m		设计管内底标高/m	
			$t_2=\sum\frac{L}{v}$	$\frac{L}{v}$								起点	终点	起点	终点
1	2	3	4	5	6	7	8	9	10	11	12	13	14	15	16
1—2	330	1.485	0	8.21	87.97	130.64	500	1.2	0.67	131.0	0.396	65.800	65.600	64.800	64.304
2—3	180	7.425	8.21	3.80	53.65	398.34	800	0.9	0.79	397	0.162	65.600	65.500	64.304	64.242
3—4	180	13.365	12.01	4.62	45.73	611.17	1100	0.4	0.65	618	0.072	65.500	65.250	64.242	64.172
4—5	180	19.305	16.63	4.92	38.90	750.96	1250	0.3	0.61	753	0.054	65.250	65.050	64.172	64.116
5—6	330	23.76	21.55	7.75	33.66	799.69	1250	0.4	0.71	869	0.132	65.050	64.800	64.116	63.984
6—7	330	47.52	29.30	6.88	27.87	1324.54	1500	0.4	0.8	1413	0.132	64.800	64.400	63.984	63.852
7—8	330	71.28	36.18	5.91	24.25	1728.86	1600	0.5	0.93	1877	0.165	64.400	64.050	63.852	63.687
8—9	330	95.04	42.09	7.05	21.86	2077.26	1800	0.3	0.78	1990	0.099	64.050	63.900	63.687	63.588
9—10	400	118.8	49.14		19.58	2326.22	1800								

流）的水位差为 1.320m，小于 3.315m，不能正常排除 $P=1a$ 的降水径流量。

现考虑 $P=0.5a$ 条件下系统的排水能力，水力计算过程详见表 6-5。由表 6-5 可知，1—9 管段终点水面标高为 63.588m，高于溢流口底标高（61.680m）1.908m。在 $P=0.5a$ 条件下，流入泵站的流量为 2326L/s，与 9—10 管段的满流过水能力为 4737L/s，之比为 0.5，经计算（或查表）可得，9—10 管段的充满度为 $h/D=0.5$，则溢流口水位标高为 $61.680+1.800×0.5=62.580m$，与 1—9 管段终点水面标高差为 $63.588-62.580=1.008m$，如果再加上各检查井处的水头损失（进口和出口），可以达到安全排水。

当 1—2 管段起端水位到达地面时，系统为不发生溢流的极限条件，其上下游水位差最大，等于 $65.800-63.480=2.320m$，也小于 3.315m。所以该系统在泵站不运行时，管网处于压力流排水状态，管网不能排除 $P=1a$ 的降雨径流水量，但可以安全排除 $P=0.5a$ 的降雨径流水量。

根据水力计算结果绘制的管道纵剖面图如图 6-3 所示。

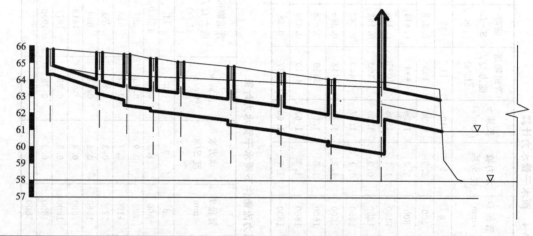

设计地面标高/m	65.800		65.600	65.500	65.250	65.050		64.800		64.400		64.050		63.900		63.500
设计管内水压标高/m		64.800	64.304	64.304	64.242	64.242	64.172	64.172	64.116	64.116	63.984	63.984	63.852	63.852	63.687	63.687	63.588	62.580	61.900
埋深/m		1.50	2.125	2.425	2.739	3.039	2.987	3.137	3.099	3.099	3.212	3.412	3.458	3.558	3.736	3.936	4.215	2.220	2.500
管长/m		330	180	180	180	330	330	330	330	400
设计管段编号	1	2	3	4	5	6	7	8	9	10

图 6-3 某城区雨水管道纵剖面图（压力流）

6.3.6 立体交叉道路排水

立体交叉道路排水应排除汇水区域的地面径流水和影响道路功能的地下水，其形式应根据当地规划、现场水文地质条件、立交形式等工程特点确定。

立体交叉道路排水的地面径流量计算，宜符合下列规定。

（1）设计重现期不小于 3a，重要区域标准可适当提高，同一立体交叉工程的不同部位可采用不同的重现期。

（2）地面集水时间宜为 5～10min。

（3）径流系数宜为 0.8～1.0。

（4）汇水面积应合理确定，宜采用高水高排、低水低排互不连通的系统，并应有防止高水进入低水系统的可靠措施。

　　立体交叉地道排水应设独立的排水系统，其出水口必须可靠。当立体交叉地道工程的最低点位于地下水位以下时，应采取排水或控制地下水的措施。

　　高架道路雨水口的间距宜为20～30m，每个雨水口单独用立管引至地面排水系统，雨水口的入口应设置格网。

6.4　雨水径流调节

　　雨水管渠系统设计流量包含了雨峰时段的降雨径流量，设计流量较大，管渠系统工程造价较高。如果能将一部分雨峰流量暂时蓄存在具有一定调节容积的沟渠或水池等调节设施中，待雨峰流量过后，再从这些调节设施中排除所蓄水量，这样可以削减雨峰设计流量，减小下游管渠的断面尺寸，降低工程造价。

6.4.1　雨水径流调节方法

6.4.1.1　调节管渠高峰径流量的方法

　　(1) 利用管渠本身的调节能力蓄洪，这种方法称为管渠容量调洪法。该方法调洪能力有限，适用于一般较平坦的地区，约可节约管渠造价10%。

　　(2) 利用天然洼地和池塘作为调节池或采用人工修建的调节池蓄洪，该法的蓄洪能力可以很大，可以极大地减小下游雨水管渠的断面尺寸，对降低工程造价和提高系统排水的可靠性很有意义。

6.4.1.2　设置调节池的情形

　　(1) 在雨水干管的中游或有大流量交汇处设置调节池，可降低下游各管段的设计流量。

　　(2) 正在发展或分期建设的区域，可用以解决旧有雨水管渠排水能力不足的问题。

　　(3) 当需要设置雨水泵站时，在泵站前如若设置调节池，则可降低装机容量，减少泵站的造价。

　　(4) 在干旱缺水地区，可利用调节池收集雨水，经处理后进行综合利用。

　　(5) 利用天然洼地或池塘等调节径流，可以补充景观水体，美化城市环境。

6.4.2　雨水调节池常用设置形式

　　雨水调节池的设置形式主要有三种，分别为溢流堰式、底部流槽式和泵汲式，如图6-4所示。

　　(1) 溢流堰式调节池通常设置在雨水干管的一侧，有进水管和出水管。进水管较高，其管顶一般与池内最高水位相平；出水管较低，其管顶一般与池内最低水位相平。在雨水干管上设置溢流堰，当雨水在管道中的流量增大到设定值时，由于溢流堰下游管道变小，管道中水位升高产生溢流，由进水管流入雨水调节池。当雨水排水径流量减小时，调节池中蓄存的雨水由出水管开始外流，经下游管道排出。

　　(2) 在底部流槽式调节池中，当进水量小于出水量时，雨水经设在池最底部的渐缩断面流槽全部流入下游干管而排走。池内流槽深度等于池下游干管的直径。当进水量大于出水量时，池内逐渐被高峰时的多余水量所充满，池内水位逐渐上升，直到进水量减少至小于池下游干管的通过能力时，池内水位才逐渐下降，直至排空为止。

　　(3) 泵汲式调节池是在调节池和下游管渠之间设置提升泵站，由泵站将调节池中蓄存的雨水排入下游雨水管道。该方式适用于下游管渠位置较高的情况，可以减小下游管渠的埋设深度。

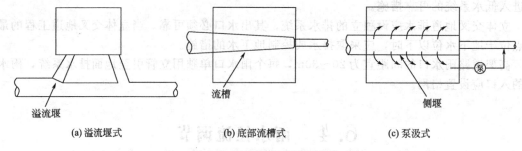

(a) 溢流堰式　　　　　　　　(b) 底部流槽式　　　　　　　(c) 泵汲式

图 6-4　雨水调节池设置形式

6.4.3　调节池容积的计算

　　调节池内最高水位与最低水位之间的容积称为有效调节容积。调节池的入流管渠过水能力决定最大设计入流量，出流管渠泄水能力根据调节池泄空流量决定（要求泄空调节水量的时间≤24h）。调节池最高水位以不使上游地区溢流积水为控制条件。

　　调节池容积计算采用脱过流量法，适用于高峰流量入池调蓄，低流量时脱过。调节池容积 V 为

$$V=\left[-\left(\frac{0.65}{n^{1.2}}+\frac{b}{t}\times\frac{0.5}{n+0.2}+1.10\right)\lg(\alpha+0.3)+\frac{0.215}{n^{0.15}}\right]Qt \tag{6-11}$$

　　式中，V 为调节池有效容积，m^3；b，n 为暴雨强度公式参数；t 为降雨历时，min；α 为脱过系数，取值为调节池下游设计流量和上游设计流量只比；Q 为调节池上游设计流量，m^3/min。

6.4.4　调节池的放空时间

　　调节池的放空时间为

$$t_o=\frac{V}{3600Q'\eta} \tag{6-12}$$

　　式中，t_o 为放空时间，h；V 为调节池有效容积，m^3；Q' 为下游排水管道或设施的受纳能力，m^3/s；η 为排放效率，一般可取 0.3~0.9。

　　一般放空时间不得超过 24h，按此原则可确定调节池出水管管径 D。为方便计算，一般可按照调节池容积的大小在下述范围内先估算出水管 D 值，即当调节池容积 $V=500$~1000m^3 时，建议选用 $D=150$~250mm；当调节池容积 $V=1000$~2000m^3 时，建议选用 $D=200$~300mm，然后按调节池放空时间的要求校核选用的出水管管径 D 是否满足要求。

6.5　截流式合流制排水管网设计与计算

6.5.1　截流式合流制排水管网的适用条件和布置特点

　　与分流制排水系统相比，截流式合流制排水系统是一种简单而不经济的排水系统。合流制管渠系统因在同一管渠内排除所有的污水，所以管线单一，管渠的总长度较短，不存在雨水管道与污水管道混接的问题。但是合流式截流管、提升泵站以及污水厂的设计规模都较分流制大；截流管的埋深也因同时排除生活污水和工业废水而要求比单设的雨水管渠埋深大；通常在大部分无雨期，只使用了管道输水能力的一小部分来输送污水。另外，由于合流制排水管渠的过水断面很大，晴天流量很小，流速很低，往往在管底造成淤积。降雨时，雨水将沉积在管底的大量污物冲刷起来带入水体，形成污染。因此，排水体制的选择，应根据城镇，

的总体规划，结合当地的地形特点、水文条件、水体状况、气候特征、原有排水设施、污水处理程度和处理后出水利用等综合考虑确定。

6.5.1.1 截流式合流制排水管网的适用条件

（1）排水区域内有一处或多处水量充沛的水体，其流量和流速都足够大，一定量的混合污水排入后，对水体造成的污染危害程度在允许的范围之内。

（2）街坊和街道的建设比较完善，必须采用暗埋管渠排除雨水，而街道横断面又较窄，管渠的设置位置受到限制时，可考虑选用合流制。

（3）地面有一定的坡度倾向水体，当水体处于高水位时，岸边不会被淹没。污水在中途不需要泵站提升。

在采用合流制排水系统时，应首先满足环境保护的要求，即保证水体所受的污染程度在允许的范围内。工业区内经常受有害物质污染场地的雨水，应经预处理达到相应标准后才能排入合流制排水系统。对水体保护要求高的地区，可对初期雨水进行截流、调蓄和处理。只有在这种情况下，才可根据当地城市建设及地形条件合理地选用合流制排水系统。

6.5.1.2 截流式合流制排水管网的布置特点

（1）管网的布置应使所有服务面积上的生活污水、工业废水和雨水都能合理地排入管渠，并能以可能的最短距离坡向水体。

（2）沿水体岸边布置与水体平行的截流干管，在截流干管的适当位置上设置溢流井，使超过截流干管设计输水能力的那部分混合污水能顺利地通过溢流井就近排入水体。

（3）必须合理地确定溢流井的数目和位置，以便尽可能减少对水体的污染、减小截流干管的断面尺寸和缩短排放渠道的长度。

从经济上讲，为了减小截流干管的尺寸，溢流井的数目多一点好，这样可以使混合污水及早溢入水体，降低截流干管下游的设计流量；从技术上讲，溢流的混合污水仍会对水体造成污染，因此溢流井的数目宜少，且其位置应尽可能设置在水体的下游。因此，截流井的数目应根据技术经济分析的结果确定。

截流井的位置，应根据污水截流干管位置、合流管渠位置、溢流管下游水位高程和周围环境等因素确定。截流井宜采用槽式，也可采用堰式或槽堰结合式。管渠高程允许时，应选用槽式。当选用堰式或槽堰结合式时，堰高和堰长应进行水力计算。截流井溢流水位，应在设计洪水位或受纳管道设计水位以上，当不能满足时，应设置闸门等防倒灌设施。截流井内宜设置流量控制设施。

（4）在合流制管网系统的上游排水区域，如果雨水可沿地面的街道边沟排泄，则该区域可只设置污水管道。只有当雨水不能沿地面排泄时，才考虑布置合流管网。

6.5.2 合流制排水管网设计水量

6.5.2.1 完全合流制排水管网设计流量

完全合流制排水管网相当于截流式合流制排水管网的溢流井上游管渠部分，其设计流量可按照下式计算：

$$Q = Q_d + Q_m + Q_s = Q_{dr} + Q_s \tag{6-13}$$

式中，Q 为设计流量，L/s；Q_d 为综合生活污水设计流量，L/s；Q_m 为设计工业废水量，L/s；Q_s 为雨水设计流量，L/s；Q_{dr} 为为生活污水量 Q_d 和工业废水量 Q_m 之和，又称旱流污水量，L/s。

6.5.2.2 截流式合流制排水管网设计流量

在降雨过程中，随着雨水流量逐渐增大，截流式合流制排水系统的溢流井上游合流污水的流量会相应增加。当合流污水流量超过一定数值以后，就有部分污水经溢流井直接排入受纳水体。截流式合流制排水系统在降雨时截流的雨水量与设计旱流污水量的比值称为截流倍数。

截流井以后管渠的设计流量

$$Q' = (n_0 + 1)Q_{dr} + Q'_s + Q'_{dr} \qquad (6\text{-}14)$$

式中，Q' 为截流井以后管渠的设计流量，L/s；n_0 为截流倍数；Q'_s 为截流井以后汇水面积的雨水设计流量，L/s；Q'_{dr} 为截流井以后的旱流污水量，L/s。

截流干管和溢流井的设计与计算，要合理地确定所采用的截流倍数。从环境保护的要求出发，为使水体少受污染，应采用较大的截流倍数。但从经济上考虑，截流倍数过大，将会增加截流干管、提升泵站以及污水厂的设计规模和造价，同时造成进入污水厂的污水水质和水量在晴天和雨天的差别过大，带来很大的运行管理困难。截流倍数 n_0 应根据旱流污水的水质、水量、排放水体的卫生要求、水文、气候、经济和排水区域大小等因素经计算确定，宜采用 1～5。在同一排水系统中可采用同一截流倍数或不同的截流倍数。

合流管渠的雨水设计重现期可适当高于同一情况下的雨水管渠设计重现期。

一条截流管渠上可能设置了多个溢流井与多根合流管道连接，因此设计截流管道时，要按各个溢流井接入点分段计算，使各段的管径和坡度与该段截流管的水量相适应。

6.5.3 合流制排水管网的水力计算要点

6.5.3.1 溢流井上游合流管渠的计算

溢流井上游合流管渠的计算与雨水管渠的计算基本相同，只是它的设计流量要包括雨水、生活污水和工业废水。合流管渠的雨水设计重现期一般应比分流制雨水管渠高 10%～25%，因为虽然合流管渠中混合废水从检查井溢出的可能性不大，但一旦溢出，混合污水比雨水管渠溢出的雨水所造成的污染要严重得多。为了防止出现这种可能情况，合流管渠的设计重现期和允许的积水程度一般都需要更加安全。

6.5.3.2 截流干管和溢流井的计算

对于截流干管和溢流井的计算，主要是要合理地确定所采用的截流倍数 n_0。根据 n_0 值，可按式（6-15）确定截流干管的设计流量和通过溢流井泄入水体的流量，然后即可进行截流干管和溢流井的水力计算。

6.5.3.3 晴天旱流情况校核

关于晴天旱流流量的校核，应使旱流时的流速能够满足污水管渠最小流速的要求。当不能满足这一要求时，可修改设计管段的管径和坡度。应当指出，由于合流管渠中旱流流量相对较小，特别是上游管段，旱流校核时往往不易满足最小流速的要求，此时可在管渠底设置缩小断面的流槽，以保证旱流时的流速，或者加强养护管理，利用雨天流量冲洗管渠，以防淤塞。

6.5.4 旧合流制排水管网改造

城市排水管网系统一般随城市的发展而相应地发展。最初，城市往往用合流制明渠直接排除雨水和少量污水至附近水体。随着工业的发展和人口的增加与集中，为保证市区的卫生条件，便把明渠改为暗渠，污水仍基本上直接排入附近水体。但随着社会与城市的进一步发展，直接排入水体的污水量迅速增加，已经造成水体的严重污染。为保护水体，必须对城市已建旧合流制排水管渠系统进行改造。我国大部分城市均面临着修建城市污水厂的问题，故旧合流制改造的任务相当艰巨。

6.5.4.1 改合流制为分流制

将合流制改为分流制可以完全杜绝溢流混合污水对水体的污染，因而是一个比较彻底的改造方法。这种方法由于雨、污水分流，需处理的污水量将相对减小，污水在成分上的变化也相对较小，所以污水厂的运行管理较为简单。通常在具有下列条件时，可考虑将合流制改造为分流制。

（1）住房内部有完善的卫生设备，便于将生活污水与雨水分流。

（2）工厂内部可清浊分流，便于将符合要求的生产污水接入城市污水管道系统，将工厂处理达到要求后的生产废水接入城市雨水管渠系统，或可将其循环使用。

（3）城市街道的横断面有足够的位置，允许设置由于改成分流制而增建的污水管道，并且不会对城市交通造成过大的影响。

一般来说，目前住房内部的卫生设备已日趋完善，将生活污水与雨水分流比较易于做到。但工厂内的清浊分流，因已建车间内工艺设备的平面位置与竖向布置比较固定而不太容易做到。至于城市街道横断面的大小，则往往由于旧城市（区）的街道比较窄，加之年代已久，地下管线较多，交通也较频繁，常使改建工程的施工极为困难。

6.5.4.2 改合流制为截流式合流制

由于将合流制改为分流制往往由于投资大、施工困难等原因而较难在短期内做到，所以目前旧合流制排水管渠系统的改造多采用保留合流制，修建合流管渠截流干管，即改造成截流式合流制排水管渠系统。但是截流式合流制排水管渠系统并没有杜绝污水对水体的污染。溢流的混合污水不仅含有部分城市污水，而且挟带有晴天沉积在管底的污物。

6.5.4.3 对溢流混合污水进行适当处理

由于从截流式合流制排水管渠系统溢流的混合污水直接排入水体仍会对水体造成污染，其污染程度随工业与城市的进一步发展而日益严重，为了保护水体，可对溢流的混合污水进行适当的处理。处理措施包括细筛滤、沉淀，有时还通过投氯消毒后再排入水体。也可增设蓄水池或地下人工水库，将溢流的混合污水储存起来，待暴雨过后再将它抽送入截流干管，进污水厂处理后排放。这样做能较彻底地解决溢流混合污水对水体的污染。

6.5.4.4 修建全部处理的污水厂

在降雨量较小或对环境质量要求特别高的城市，对旧合流制系统改造时，可以不改变旧合流制排水系统的管渠系统，而是通过修建大的污水处理厂和蓄水水库，将全部雨污混合污水均进行处理。这种改造方法在近年来逐渐为人们所认同。它可以从根本上解决城市点污染源和面污染源对环境的污染问题，而且可以不进行管网系统的大型改造。但是它要求污水厂的投资大，且对运行管理水平要求较高，同时还应注意蓄水水库的管理和污染问题。

6.5.4.5 合流制与分流制的衔接

一个城市根据不同的情况可以选用一种排水体制，也可以选用多种排水体制。这样在同一个城市中就可能有分流制与合流制并存的情况。在这种情况下，存在两种管渠系统的衔接方式问题。当合流制排水系统中雨天的混合污水能全部经污水厂进行二级处理时，这两种管渠系统的衔接方式比较灵活。反之，当污水厂的二级处理设备能力有限，或者合流管渠系统中没有储存雨天混合污水的设施，而在雨天必须从污水厂二级处理设备之前溢流部分混合污水进入水体时，两种排水系统之间就必须采用如图 6-5（a）、（b）所示的方式连接，而不能采用（c）、（d）方式连接。（a）、（b）连接方式是合流管渠中的混合污水先溢流，再与分流制的污水管道系统连接，两种管渠系统一经汇流后，汇流的全部污水都将通过污水厂二级处理后再行排放。（c）、（d）连接方式则或是在管道上，或是在初次沉淀池中，两种管渠系统先汇流，然后从管道上或从初次沉淀池后溢流出部分混合污水进入水体，这无疑会造成溢流

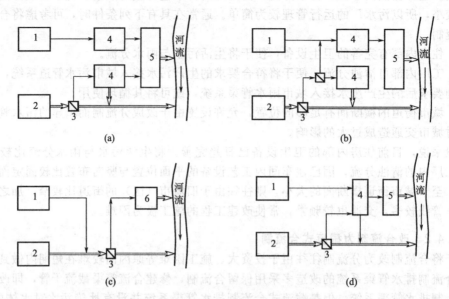

图 6-5　合流制与分流制排水系统的连接方式

1—分流区域；2—合流区域；3—溢流井；4—初次沉淀池；5—曝气池与二次沉淀池；6—污水厂

混合污水，对水体更大程度的污染。因为在合流管渠中已被生活污水和工业废水污染了的混合污水，又进一步受到分流制排水管渠系统中生活污水和工业废水的污染。

6.6　排洪沟设计与计算

由于山区地形坡度大，集水时间短，洪水历时也不长，所以水流急，流势猛，且水流中还挟带着砂石等杂质，冲刷力大，容易使山坡下的城市和工厂受到破坏而造成严重损失。因此，修建于山区或丘陵地区的城市或工业企业，必须修建排洪沟，以排除城市排水区域以外的雨、洪水。

为了尽量减少洪水造成的危害，保护城市、工厂的工业生产和生命财产安全，必须根据城市或工厂的总体规划和流域防洪规划，合理选用防洪标准，建设好城市或工厂的防洪设施，提高城市或工厂的抗洪能力。

6.6.1　防洪设计标准

在进行防洪工程设计时，首先要确定洪峰设计流量，然后根据该流量拟订工程规模。为了准确、合理地拟订某项工程规模，需要根据该工程的性质、范围以及重要性等因素，选定某一降雨频率作为计算洪峰流量的依据，称为防洪设计标准。在实际工作中，常用暴雨重现期衡量设计标准的高低，重现期越大，设计标准就越高，工程规模也就越大；反之，则设计标准低，工程规模小。

我国《城市防洪工程设计规范》（CJJ 50—92）中的城镇等级划分，按城镇市区和近郊非农业人口多少将城镇划分为特大城镇、大城镇、中等城镇和小城镇四个等级。特大城镇是指人口大于或等于 150 万的城镇；大城镇是指人口在 50 万以上但不满 150 万的城镇；中等城镇是指人口在 20 万以上但不满 50 万的城镇；小城镇是指人口不满 20 万的城镇。《防洪标准》（GB 50201—94）对不同等级城镇防洪标准规定见表 6-6。

表 6-6 城镇等级

城 镇 等 级	分 等 指 标	
	重要程度	城镇人口/万人
I	特别重要城镇	≥150
II	重要城镇	50～150
III	中等城镇	20～50
IV	小城镇	≤20

注：1. 城镇人口是指市区和近郊区非农业人口；
2. 城镇是指国家行政建制设立的直辖市、市镇。

《城市防洪工程设计规范》(GJJ 50—92) 规定，城镇防洪标准根据城镇等级和洪灾类型按表 6-7 分析确定。

表 6-7 城市防洪标准

城镇等级	防洪标准(重现期)/a		
	河(江)洪,海潮	山洪	泥石流
I	≥200	50～100	>100
II	100～200	20～50	50～100
III	50～100	10～20	20～50
IV	20～50	5～10	20

注：1. 标准上、下限的选用应考虑受灾后造成的影响、经济损失、抢险难易以及投资的可能性等因素；
2. 海潮系指设计高潮位；
3. 当城镇地势平坦排泄洪水有困难时，山洪和泥石流防洪标准可适当降低。

工业企业的山洪防治标准见表 6-8。

表 6-8 工业企业山洪防治标准

工程等级	防护对象	防洪标准	
		频率/%	重现期/a
I	大型工业企业、重要中型工业企业	2～1	50～100
II	中小型工业企业	5～2	20～50
III	工业企业生活区	10～5	10～20

6.6.2 洪水设计流量计算

排洪沟属于小汇水面积上的排水构筑物。一般情况下，小汇水面积没有实测资料，往往采用实测暴雨资料记录，间接推求设计洪水量和洪水频率。同时考虑山区河流流域面积一般只有几至几十平方千米，平时水量小，河道干枯；汛期水量激增，集流快，几十分钟内即可形成洪水。因此在排洪沟设计计算中，以推求洪峰流量为主，对洪水总量及其径流过程则忽略。对于小汇水流域洪峰流量的计算主要有三种方法，分别为洪水调查法、推理公式法和经验公式法。

(1)洪水调查法。洪水调查法主要是指通过深入现场，勘察洪水位的痕迹，推导洪水位发生的频率，选择和测量河道过水断面，按式 (6-9) 计算流速和洪峰流量。最后通过流量变差系数和模比系数法，将调查得到的某一频率的流量换算成该设计频率的洪峰流量。

（2）推理公式法。我国水利科学研究院所提出的推理公式已得到广泛采用，其公式为

$$Q = 0.278 \times \frac{\psi S}{\tau^n} \times F \qquad (6\text{-}16)$$

式中，Q 为设计洪峰流量，m^3/s；ψ 为洪峰径流系数；S 为暴雨强度，即与设计重现期相应的最大的 1h 降雨量，mm/h；τ 为流域的集流时间，h；n 为暴雨强度衰减指数；F 为流域面积，km^2。

用推理公式求设计洪峰流量时，需要较多的基础资料，计算过程也较烦琐。当流域面积为 $40 \sim 50 km^2$ 时，此公式的适用效果最好。

（3）经验公式法。常用的经验公式有多种形式，在我国应用比较普遍的经验公式为

$$Q = K F^n \qquad (6\text{-}17)$$

式中，Q 为设计洪峰流量，m^3/s；F 为流域面积，km^2；K，n 为随地区及洪水频率变化的系数和指数。

该法使用方便，计算简单，但地区性很强。相邻地区采用时，必须注意各地区的具体条件是否一致，否则不宜套用。

上述三种方法，应特别重视洪水调查法。在此法的基础上，可再运用其他方法试算，进行比较和验证。

6.6.3 排洪沟设计要点

6.6.3.1 排洪沟布置应与区域总体规划统一考虑

在城市或工矿企业建设规划设计中，必须重视防洪和排洪问题。应根据总图规划设计，合理布置排洪沟，城市建筑物或工矿厂房建筑均应避免设在山洪口上，不与洪水主流发生顶冲。

排洪沟布置还应与铁路、公路、排水等工程相协调，尽量避免穿越铁路、公路，以减少交叉构筑物。同时排洪沟应布置在厂区、居住区外围靠山坡一侧，避免绕绕建筑群，以免因沟渠转折过多而增加桥、涵建筑。排洪沟与建筑物之间应留有 3m 以上的距离，以防洪水冲刷建筑物。

6.6.3.2 排洪沟应尽可能利用原有天然山洪沟道

原有山洪沟道是洪水常年冲刷形成的，其形状、底床都比较稳定，应尽量利用作为排洪沟。当原有沟道不能满足设计要求而必须加以整修时，应尽可能不改变原有沟道的水力条件，因势利导，使洪水排泄畅通。

6.6.3.3 排洪沟应尽量利用自然地形坡度

排洪沟的走向，应沿大部分地面水流的垂直方向，因此应充分利用自然地形坡度，使洪水能以重力通过最短距离排入受纳水体。一般情况下，排洪沟上不设泵站。

6.6.3.4 排洪沟平面布置

（1）进口段。一种形式是排洪沟的进口直接插入山洪沟，衔接点的高程为原山洪沟的高程，此形式适用于排洪沟与山沟夹角小的情况，也适用于高速排洪沟。另一种形式是以侧流堰为进口，将截流坝的顶面做成侧流堰渠与排洪沟直接相连，此形式适用于排洪沟与山沟夹角较大且进口高程高于原山洪沟底高程的情况。进口段的形式应根据地形、地质及水力条件进行合理的方案比较和选择。

进口段的长度一般不小于 3m，并应在进口段一定范围内进行必要的整治，使之衔接良好，水流通畅，具有较好的水力条件。为防止洪水冲刷，进口段应选择在地形和地质条件良好的地段。

（2）出口段。排洪沟出口段应布置在不致冲刷排放地点（河流、山谷等）的岸坡，因此应选择在地质条件良好的地段，并采取护砌措施。此外，出口段宜设置渐变段，逐渐增大宽度，以减少单宽流量，降低流速，或采用消能、加固等措施。出口标高宜在相应的排洪设计重现期的河流洪水位以上，一般应在河流常水位以上。

（3）连接段。当排洪沟受地形限制而不能布置成直线时，应保证转弯处有良好的水力条件，明渠转弯处，其中心线的弯曲半径不宜小于设计水面宽度的 5 倍；盖板渠和铺砌明渠可采用不小于设计水面宽度的 2.5 倍。排洪沟的设计安全超高宜采用 0.3～0.5m。

6.6.3.5 排洪沟纵向坡度

排洪沟的纵向坡度应根据地形、地质、护砌材料、原有天然排洪沟坡度以及冲淤情况等条件确定，一般不小于 1%。工程设计时，要使沟内水流速度均匀增加，以防止沟内产生淤积。当纵向坡度很大时，应考虑设置跌水或陡槽，但不得设在转弯处。一次跌水高度通常为 0.2～1.5m。陡槽也称急流槽，纵向坡度一般为 20%～60%，多采用块石或条石砌筑，也有采用钢筋混凝土浇筑的，终端应设消能设施。

6.6.3.6 排洪沟断面形式、材料及其选择

排洪明渠的断面形式常用矩形或梯形断面，材料及加固形式应根据沟内最大流速、当地地形及地质条件、当地材料供应情况确定，一般常用片石、块石铺砌。

图 6-6 为常用排洪沟明渠断面及其加固形式。图 6-7 为设在较大坡度的山坡上的截洪沟断面及使用的铺砌材料。

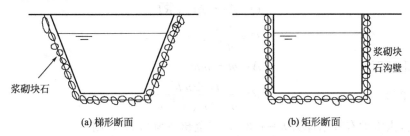

图 6-6 排洪沟明渠断面示意

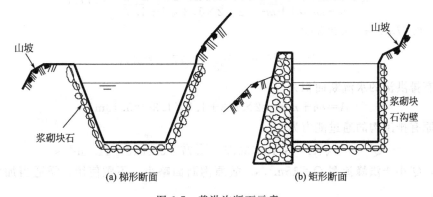

图 6-7 截洪沟断面示意

6.6.3.7 排洪沟最大流速

为了防止山洪冲刷，应按流速的大小选用不同铺砌的加固形式。表 6-9 规定了不同铺砌的排洪沟的最大设计流速。

6.6.4 排洪沟水力计算

（1）排洪明渠的水力计算。排洪沟的水力计算公式见式（6-9），其中河槽的粗糙系数

表 6-9　排洪沟最大设计流速

沟渠护砌条件	最大设计流速/(m/s)	沟渠护砌条件	最大设计流速/(m/s)
浆砌块石	2.0～4.5	混凝土浇制	10.0～20.0
坚硬块石浆砌	6.5～12.0	草皮护面	0.9～2.0
混凝土护面	5.0～10.0		

n 根据明渠护面材料选取，见表 3-6。

（2）排洪暗渠的水力计算。排洪暗渠的水力计算与明渠相同，对矩形或圆形暗渠，采用满流时流量；对拱形暗渠采用渠内水位与直墙齐平时流量。

6.6.5　排洪沟设计计算举例

【例 6-4】某工厂已有天然梯形断面砂砾石河槽的排洪沟总长为 620m，沟纵向坡度 $I=4.5\%$，沟粗糙系数 $n=0.025$，沟边坡为 $l:m=1:1.5$，沟底宽度 $b=2$m，沟顶宽度 $B=6.5$m，沟深 $H=1.5$m，排洪沟计算草图如图 6-8 所示。当采用重现期 $P=50$a 时，洪峰流量为 $Q=15$m³/s。试复核已有排洪沟的通过能力。

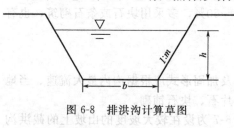

图 6-8　排洪沟计算草图

【解】（1）复核已有排洪沟断面能够满足 Q 的要求。

按公式

$$Q=Av=AC\sqrt{RI}$$

而

$$C=\frac{1}{n}\times R^{1/6}$$

对于梯形断面

$$A=bh+mh^2$$

其水力半径

$$R=\frac{bh+mh^2}{b+2h\sqrt{1+m^2}}$$

设原有排洪沟的有效水深为 $h=1.3$m，安全超高为 0.2m，则

$$R=\frac{bh+mh^2}{b+2h\sqrt{1+m^2}}=\frac{2\times1.3+1.5\times1.3^2}{2+2\times1.3\sqrt{1+1.5^2}}=0.77\text{m}$$

当 $R=0.77$m，$n=0.025$ 时

$$C=\frac{1}{n}R^{1/6}=\frac{1}{0.025}\times0.77^{1/6}=39.5$$

而原有排洪沟的水流断面积为

$$A=bh+mh^2=2\times1.3+1.5\times1.3^2=5.13\text{m}^2$$

因此原有排洪沟的通过能力为

$$Q'=AC\sqrt{RI}=5.13\times39.5\sqrt{0.77\times0.0045}=11.9\text{m}^3/\text{s}$$

显然，Q' 小于洪峰流量 $Q=15$m³/s，故原沟断面略小，不敷使用，需适当加以整修后予以利用。

（2）原有排洪沟的整修改造方案

① 第一方案。在原沟断面充分利用的基础上，增加排洪沟的深度至 $H=2$m，其有效水深 $h=1.7$m，如图 6-9 所示。这时

$$A=bh+mh^2=0.5\times1.7+1.5\times1.7^2=5.2\text{m}^2$$

$$R=\frac{5.2}{0.5+2\times1.7\sqrt{1+1.5^2}}=0.785\text{m}$$

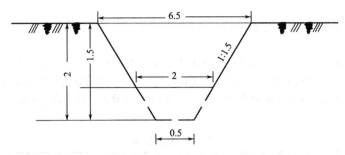

图 6-9　排洪沟改建示意（方案一）单位：m

当 $R=0.785\text{m}$，$n=0.025$ 时

$$C=\frac{1}{0.025}\times 0.785^2=39.9$$

则

$$Q'=AC\sqrt{RI}=5.2\times 39.9\sqrt{0.785\times 0.0045}=12.23\text{m}^3/\text{s}$$

显然仍不能满足洪峰流量的要求。若再增加深度，由于底宽过小，不便维护；且增加的能力极为有限，故不宜采用这个改造方案。

② 第二方案。适当挖深并略微扩大其过水断面，使之满足排除洪峰流量的要求。扩大后的断面采用浆砌片石铺砌，加固沟壁沟底，以保证沟壁的稳定（根据表 6-11，粗糙系数 n 取值 0.017）。如图 6-10 所示。按水力最佳断面进行设计，其梯形断面的宽深比为

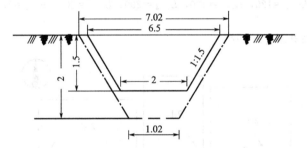

图 6-10　排洪沟改建示意（方案二）单位：m

$$\beta=\frac{b}{h}=2(\sqrt{1+m^2}-m)$$

$$=2(\sqrt{1+1.5^2}-1.5)=0.6$$

$$b=\beta h=0.6\times 1.7=1.02\text{ m}$$

$$A=bh+mh^2=1.02\times 1.7+1.5\times 1.7^2=6.07\text{m}^2$$

$$R=\frac{A}{b+2h\sqrt{1+m^2}}=\frac{6.07}{1.02+2\times 1.7\sqrt{1+1.5^2}}=0.85\text{m}$$

当 $R=0.85\text{m}$，$n=0.017$ 时

$$C=\frac{1}{0.017}\times 0.85^{1/6}=57.3$$

$$Q'=AC\sqrt{RI}=6.07\times 57.3\sqrt{0.85\times 0.0045}=21.5\text{m}^3/\text{s}$$

此结果已能满足排除洪峰流量 $15\text{m}^3/\text{s}$ 的要求。

复核沟内水流速度 v

$$v=C\sqrt{RI}=57.3\sqrt{0.85\times 0.0045}=3.54\text{m/s}$$

符合表 6-9 中的最大流速要求，故此方案不会受到冲刷，决定采用。

习 题

（1）一段混凝土雨水管道，管径 $DN=500\text{mm}$，$n=0.014$，当通过流量为 $0.4\text{m}^3/\text{s}$ 时，则该管段的最小设计坡度为多少？

（2）北京市某小区面积共 22ha，其中屋面面积占该区总面积的 30%，沥青道路路面积占 16%。级配碎石路面的面积占 12%，非铺砌土路面占 4%，绿地面积占 38%。采用的径流系数 ψ 值见表 6-10，试计算该区的平均径流系数。当采用设计重现期为 $P=5a$、$2a$、$1a$ 时，试计算：设计降雨历时 $t=20\text{min}$ 时的雨水设计流量各是多少？

表 6-10　径流系数 ψ 值

地面种类	ψ 值
各种屋面、混凝土和沥青路面	0.90
大块石铺砌路面和沥青表面处理的碎石路面	0.60
级配碎石路面	0.45
干砌砖石和碎石路面	0.40
非铺砌土路面	0.30
公园和绿地	0.15

（3）雨水管道平面布置图如图 6-11 所示。图中各设计管段的本段汇水面积标注在图上，单位以 hm^2 计，假定设计流量均从管段起点流入。已知当重现期 $p=1a$ 时，暴雨强度公式为

$$i(\text{mm/min})=\frac{20.154}{(t+18.768)^{0.784}}$$

经计算，径流系数 $\psi=0.6$。取地面集水时间 $t_1=10\text{min}$，折减系数 $m=2$。各管段的长度以 m 计，管内流速以 m/s 计。数据如下：$L_{1-2}=120$，$L_{2-3}=130$，$L_{4-3}=200$，$L_{3-5}=200$；$v_{1-2}=1.0$，$v_{2-3}=1.2$，$v_{4-3}=0.85$，$v_{3-5}=1.2$。

试求各管段的雨水设计流量为多少？

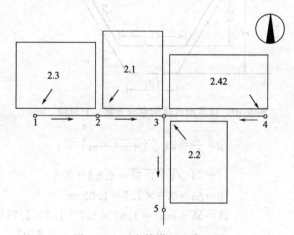

图 6-11　雨水管道平面布置图

（4）某大型工业企业，采用矩形排洪沟，$b=5\text{m}$，$h=4.2\text{m}$（含 0.2m 超高），沟底纵坡 $I=0.0015$，$n=0.017$，若山洪流量如表 6-11 所列，则设计排洪沟所采用的防洪标准为多少年？

表 6-11　重现期与相应的山洪流量

设计重现期/a	20	40	50	100
山洪流量/（m^3/s）	20.4	25.6	30.5	43.6

第7章

给水排水管道材料、附件与附属构筑物

7.1 给水排水管道的断面及材料

给水排水管道的材料和质量是影响给水排水工程质量和运行安全的关键。给水排水管道通常进行工厂化生产，具有多种规格，在施工现场连接和埋设。

7.1.1 给水排水管渠的断面形式

（1）给水管道的断面形式。给水管道的断面一般采用圆形，具有水力条件好，流量较大，便于施工和安装，可承受较大的荷载的特点。

（2）对排水管渠断面形式的要求。排水管渠断面形式的确定一是要满足具有较大的稳定性，能承受各种荷载的静力学要求；二是要满足具有最大的排水能力，并在一定流速下不产生沉淀物的水力学要求。此外还要求管道每单位长度的造价应最低，便于冲洗和清通淤积。

（3）常用的管渠断面形式。管渠的断面形式有多种，应根据输水条件和施工水平进行选择，如图 7-1 所示。

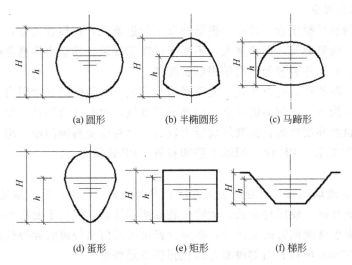

(a) 圆形　　(b) 半椭圆形　　(c) 马蹄形

(d) 蛋形　　(e) 矩形　　(f) 梯形

图 7-1　常用管渠断面形式

h—水位高度；H—管渠高度

① 圆形。圆形断面管渠适用于管径小于 2m，并且地质条件较好时的给水排水系统，其优点是水力性能好，具有最大的水力半径，流速大，流量大，便于预制，对外力抵抗能力强，运输施工维护方便的特点。

② 半椭圆形。半椭圆形断面管渠适用于污水流量无大变化及管渠直径大于 2m 的排水系统，当土压力和活荷载较大时，半椭圆形管渠更好地分配管壁压力，减少管壁厚度。

③ 马蹄形。马蹄形断面管渠适用于地质条件较差或地形平坦需尽量减少埋深时的排水系统，断面高度小于宽度，因断面下部大，宜输送流量变化不大的大流量污水。

④ 蛋形。蛋形断面管渠因底部较小，在小流量时可维持较大的流速，减少淤积，实践证明，这种断面冲洗和疏通困难，管道制作、运输、施工不便，目前很少用。

⑤ 矩形。矩形断面管渠适用于工业企业、路面狭窄地区的排水管道及排洪沟，可按需要增加深度，以加大排水量，并能现场浇制或砌筑。

⑥ 梯形。梯形断面适用于明渠的断面，易于施工，但边坡取决于土壤和铺砌材料的性质。

7.1.2 给水管道材料

给水管道材料可分为金属管和非金属管。

7.1.2.1 金属管

（1）铸铁管。分为灰铸铁管和球墨铸铁管。灰铸铁管质地较脆，抗冲击和抗震能力差，重量较大，且经常发生接口漏水、水管断裂和爆管事故，在供水工程中基本不再采用。球墨铸铁管比灰铸铁管的机械性能有很大提高，耐腐蚀性远高于钢管，重量较轻，很少发生渗水、漏水和爆管事故，是室外管网常用的管材。

（2）钢管。钢管分为焊接钢管和无缝钢管两大类。钢管强度高、耐振动、重量较轻、长度大、接头少和加工接口方便，但承受外荷载的稳定性差，耐腐蚀性差。在给水管网中，通常在管径大和水压高时，以及因地质、地形条件限制或穿越铁路、河谷和地震地区时使用。

7.1.2.2 非金属管

（1）预应力钢筋混凝土管。预应力钢筋混凝土管造价低，抗震性能强，管壁光滑，水力条件好，耐腐蚀，爆管率低，但重量大、不便于运输和安装。预应力钢筋混凝土管在设置阀门、弯管、排气、放水等装置处，需采用钢管配件。

（2）塑料管。塑料管具有重量轻、便于运输及安装、管道内壁光滑阻力系数小、防腐性能良好、对水质不构成二次污染的优点，但管材强度低、对基础及回填土要求较高、膨胀系数较大、需考虑温度补偿措施、抗紫外线能力较弱、存在应变腐蚀问题。用于给水管道工程的塑料管材有 UPVC 管、PE 管、ABS 工程塑料管、PP-R 管等。

（3）复合管

① 玻璃钢管。玻璃钢管具有强耐腐蚀性能、内表面光滑、不结垢、重量轻、抗冻性好、维护成本低、耐磨性好、使用寿命长、运输安装方便等优点，但由于密度小，材质轻，在地下水位较高地区安装玻璃钢管极易浮管，必须设置镇墩或雨水径流疏导等抗浮措施。回填土中不得含有大于 50mm 的砖、石等硬物，以免损伤管道外壁。

② 钢骨架塑复合管。钢骨架塑料复合管是在管壁内用钢丝网或钢板孔网增强的塑料复合管的统称。钢骨架塑料复合管克服了钢管耐压不耐腐、塑料管耐腐不耐压、钢塑管易脱层等缺陷。

③ 铝塑复合管。铝塑复合管是以铝合金为骨架，铝管内外层都有一定厚度的塑料管。铝塑复合管有较好的保温性能、不易腐蚀、内壁光滑、可随意弯曲、安装施工方便、机械性

能优越、耐压较高，适用于建筑物冷热水供应。

④ 钢筒预应力管。钢筒预应力管是钢筒与混凝土的复合管，管芯为混凝土，在管芯外壁或中部埋入厚 1.5mm 的钢筒。钢筒预应力管常在大口径的输配水工程中采用，同时兼有钢管与预应力混凝土的优点。

7.1.3 排水管道材料

选用管材时，应考虑水质、水温、断面尺寸大小、土壤性质及管内外所受压力、施工条件等因素，尽量选择能就地取材、易于制造、便于供应和运输方便的材料，以降低工程造价。

7.1.3.1 非金属管道

非金属管道一般是预制的圆形断面管道，水力性能好，便于预制，价格较低，能承受较大荷载，运输和养护也较方便。大多数的非金属管道的抗腐蚀性和经济性均优于金属管。只有在特殊情况下才采用金属管。

(1) 混凝土管和预应力钢筋混凝土管。混凝土管和预应力钢筋混凝土管按构造形式可分为承插式、企口式和平口式三种。混凝土管重量大、不便于运输、易泄漏、管节短、接口多、抗沉降及抗震性差、寿命短、抗腐蚀性差，一般用于管径小、外部荷载小的自流管、压力管或穿越铁路、河流、谷地等场合。

预应力钢筋混凝土管造价低，抗压能力比混凝土管高，但耐磨性差，适用于管径大、荷载大的场合。

(2) 硬聚氯乙烯排水塑料管。硬聚氯乙烯（PVC-U）管具有重量轻、强度高、耐腐蚀、管壁光滑、施工安装方便及水密性能好等优点，用于埋地排水管道不仅施工速度快、周期短，还能很好地适应管道的不均匀沉降，使用寿命长。但不抗撞击，耐久性差，接头黏合技术要求高，固化时间较长。

(3) 陶土管。陶土管内外壁光滑、不透水、耐磨、耐酸碱，抗蚀性强，便于制造，但质脆易碎，管节短、接头多、管径小。陶土管适用于排除工业侵蚀性污水或管外有侵蚀性地下水的自流管。

7.1.3.2 金属管道

通用的金属管是钢管和铸铁管，由于价格较高，在排水管网中一般较少采用。只有在外部荷载很大或对渗漏要求特别高的场合下才采用金属管。如排水泵站的进出水管、河道的倒虹吸管、在穿越铁路时、在土崩或地震地区、在距给水管道或房屋基础较近时、在压力管线上或施工特别困难的场合、在外力很大或对渗漏要求特别高的场合等。采用钢管时必须涂刷耐腐蚀的涂料并注意绝缘，以防锈蚀。

7.2 给水管网附件

安装在给水管道及设备上的启闭和调节装置称为给水附件。给水管网上的附件主要有用于调节或关闭管网的控制附件，如阀门；还有用于灭火的消火栓等。阀门、消火栓是给水管网不可缺少的附件。

7.2.1 阀门

7.2.1.1 分类

阀门是用以连接、关闭和调节液体、气体或蒸汽流量的设备。

按公称压力分为：低压（≤1.6MPa）、中压（2.5MPa、4.0MPa、6.4MPa）、高压（≥10MPa)和超高压（≥100MPa）。

按用途和作用分为以下几类。

（1）截断阀类：用于截断或接通介质流。包括闸阀、截止阀、隔膜阀、旋塞阀、球阀、蝶阀等。

（2）调节阀类：用于调节介质的流量、压力等。包括调节阀、节流阀、减压阀等。

（3）止回阀类：用于阻止介质倒流。包括各种结构的止回阀。

（4）安全阀类：用于超压安全保护。包括各种类型的安全阀。

在给水管网中常用的阀门有闸阀、蝶阀、截止阀、止回阀、球阀、减压阀、调节阀、进排气阀和泄水阀等。

7.2.1.2 闸阀

闸阀是指关闭件（闸板）由阀杆带动，沿阀座密封面做升降运动的阀门。根据密封元件的形式，常常把闸阀分成几种不同的类型，如楔式闸阀、平行式闸阀、平行双闸板闸阀、楔式双闸板闸阀等。最常用的形式是楔式闸阀和平行式闸阀。闸阀通常适用于不需要经常启闭，而且保持闸板全开或全闭的工况。闸阀外形及剖面如图 7-2～图 7-4 所示。

图 7-2　闸阀外形

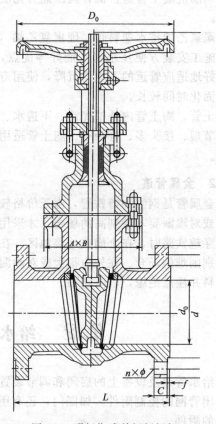

图 7-3　明杆楔式单闸板闸阀

d_0—公称直径；d—突面直径；D_0—手轮直径；n—螺栓个数；ϕ—螺栓孔径；
C—法兰厚度；f—法兰突起高度；$A \times B$—阀盖尺寸；L—阀体长度

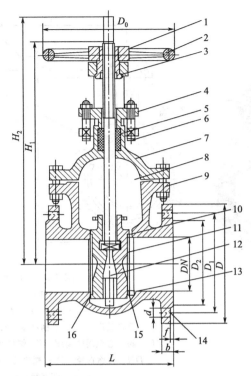

图 7-4 低压升降杆平行式双闸板闸阀

1—阀杆；2—手轮；3—阀杆螺母；4—填料压盖；5—填料；6—J 形螺栓；7—阀盖；
8—垫片；9—阀体；10—闸板密封圈；11—闸板；12—顶楔；13—阀体密封圈；
14—法兰孔数；15—有密封圈型式；16—无密封圈型式

DN—公称直径；D_2—突面直径；D_1—螺栓孔间距；D—法兰直径；D_0—手轮直径；
d—螺栓孔直径；f—法兰突起高度；b—法兰厚度；H_1—阀门全关高度；
H_2—阀门全开高度；L—阀体长度

闸阀具有流体阻力小、开闭所需外力较小、介质的流向不受限制等优点，但外形尺寸和开启高度都较大、安装所需空间较大、水中有杂质落入阀座后不能关闭严密、关闭过程中密封面间的相对摩擦容易引起擦伤现象。

7.2.1.3 蝶阀

蝶阀是指启闭件（蝶板）绕固定轴旋转的阀门，其外形如图 7-5 所示，LT 型蝶阀如图 7-6 所示。蝶阀的蝶板安装于管道的直径方向。在蝶阀阀体圆柱形通道内，圆盘形蝶板绕着轴线旋转，旋转角度为 0°～90°。蝶阀结构简单、体积小、重量轻、操作简单、阻力小，但蝶板占据一定的过水断面，增大水头损失，且易挂积杂物和纤维。

7.2.1.4 止回阀

止回阀又称单向阀，是只允许介质向一个方向流动，包括旋启式止回阀和升降式止回阀，如图 7-7、图 7-8 所示。该阀通常是自动工作的，靠水流的压力达到自行关闭或开启的目的。一般安装在水泵出水管、用户接管和水塔进水管处，以防止水的倒流。

止回阀安装和使用时应注意以下几点。

（1）升降式止回阀应安装在水平方向的管道上，旋启式止回阀既可安装在水平管道上，又可安装在垂直管道上。

（2）安装止回阀要使阀体上标注的箭头与水流方向一致，不可倒装。

图 7-5　蝶阀外形

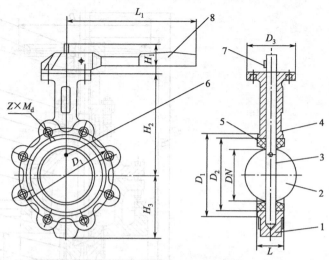

图 7-6　LT 型蝶阀

1—阀体；2—蝶板；3—阀杆；4—滑动轴承；5—阀座密封套；
6—圆锥销；7—键；8—手柄

L_1—手柄长度；H_1—手柄高度；H_2—阀中心至手柄高度；
H_3—阀中心至阀底高度；Z—螺栓个数；M_d—螺栓孔直径；
DN—公称直径；D_1—螺栓孔间距；D_2—法兰直径；
D_3—手柄直径；L—阀体长度

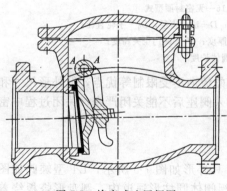

图 7-7　旋启式止回阀图

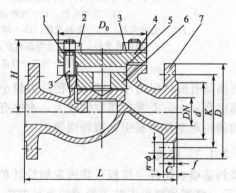

图 7-8　升降式止回阀

1—螺栓；2—螺母；3—垫圈；4—阀盖；5—中法兰垫片；
6—阀瓣；7—阀体

DN—公称直径；d—突面直径；K—螺栓孔间距；D—法兰直径；
D_0—阀体直径；n—螺栓个数；ϕ—螺栓孔直径；f—法兰突起高度；
C—法兰厚度；H—阀体中心至阀顶高度；L—阀体长度

（3）大口径水管上应采用多瓣止回阀或缓闭止回阀，使各瓣的关闭时间错开或缓慢关闭，以减轻水锤的破坏作用。

7.2.1.5　排气阀和泄水阀

在间歇性使用的给水管网末端和最高点、给水管网有明显起伏可能积聚空气的管段的峰点应设置自动排气阀。排气阀外形与剖面如图 7-9、图 7-10 所示。

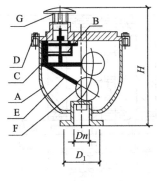

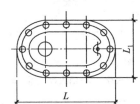

序号	名 称	材 质
A	阀体	球墨铸铁
B	阀塞	铝青铜
C	杠杆架	不锈钢
D	阀盖	球墨铸铁
E	杆	铝青铜
F	浮球	不锈钢
G	排气罩	球墨铸铁

图 7-9　排气阀外形　　　　　　　　图 7-10　排气阀剖面

DN—公称直径；D_1—螺栓孔间距；H—阀体高度；L—阀体长度；L_1—阀体宽度

　　泄水阀的作用是排出给水管网中的水，以利于维修。泄（排）水阀的直径，可根据放空管道中泄（排）水所需要的时间计算确定。输水管（渠）道、配水管网低洼处及阀门间管段低处，可根据工程的需要设置泄（排）水阀井。

7.2.2　消火栓

　　消火栓安装在给水管网上，向火场供水的带有阀门的标准接口，是市政和建筑物内消防

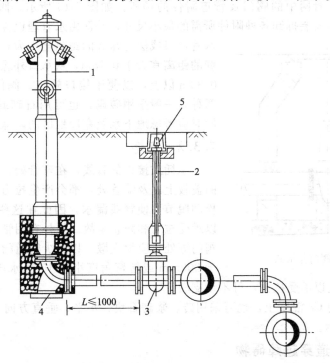

图 7-11　地上式消火栓

1—SS100地上式消火栓；2—阀杆；3—阀门；4—弯头支座；5—阀门套筒

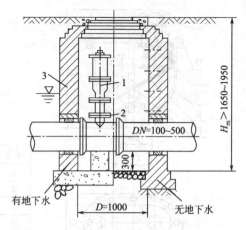

图 7-12　地下式消火栓

1—SX100消火栓；2—消火栓三通；3—阀门井

供水的主要水源之一，常布置在易于寻找、消防车易取水的路边及需要特别保护的建筑物附近等地方。室外消火栓有地上式和地下式两种，一般后者适用于气温较低的地区。消火栓外形及安装如图7-11、图7-12所示。

7.3　管网附属构筑物

7.3.1　阀门井

阀门井是安装管网中的阀门及管道附件的场所，如图7-13所示。阀门井的平面尺寸，应满足阀门操作和安装拆卸各种附件所需的最小尺寸。井深由水管埋设深度确定。但井底到水管承口或法兰盘底的距离至少为0.10m，法兰盘和井壁的距离宜大于0.15m，从承口外缘到井壁的距离应在0.30m以上，以便于接口施工。阀门井有圆形与方形两种，一般采用砖砌，也可用石砌或钢筋混凝土建造，同时应考虑地下水及寒冷地区的防冻因素。

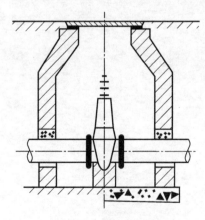

图7-13　阀门井示意

7.3.2　支墩

承插式接口的管线，在弯管处、三通处、水管尽端的盖板上以及缩管处，都会产生拉力，接口可能因阀门松动脱节而使管线漏水，因此在这些部位需设置支墩，以承受拉力和防止事故。另外在明管上每隔一定距离或阀门等处也应设支墩，以减少管道的应力。但当管径小于300mm或转弯角度小于10°且水压力不超过980kPa时，因接口本身足以承受拉力，可不设支墩。

墩体材料常用C8混凝土，也可采用砖、浆砌石块，水平、垂直方向弯管支墩做法如图7-14～图7-16所示。

7.3.3　给水管道穿越障碍物

当给水管线通过铁路、公路、河流和山谷时，必须采用一定的措施。

管线穿过铁路的穿越地点、方式和施工方法，应严格按照铁路部门穿越铁路的技术规

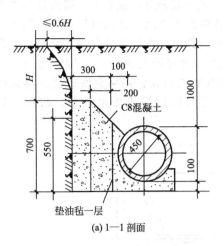

(a) 1—1 剖面

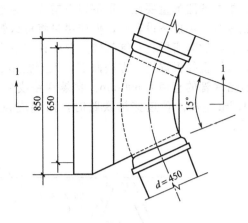

(b) 水平方向弯管支墩

图 7-14　水平方向弯管支墩

H—混凝土顶部距地面的高度；d—管道公称直径的埋深

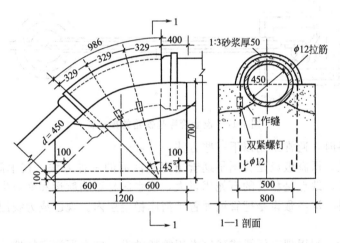

图 7-15　垂直向上弯管支墩

d—管径

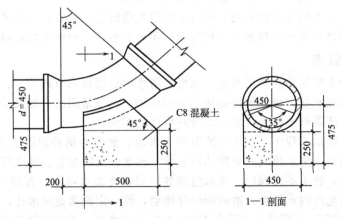

图 7-16　垂直向下弯管支墩

d—管径

范。根据铁路的重要性，采取以下措施：穿越临时铁路或一般公路，或非主要路线且水管埋设较深时，可以不设套管，但应尽量将铸铁管接口放在两股道之间，并用青铅接头，钢管则应有相应的防腐措施；穿越较重要的铁路或交通频繁的公路时，水管需放在钢筋混凝土套管内，套管直径根据施工方法而定，大开挖施工时应比给水管直径大 300mm，顶管法施工时应较给水管的直径大 600mm。穿越铁路或公路时，水管管顶应在铁路路轨底或公路路面以下 1.2m 左右。管道穿越铁路时，两端应设检查井，井内设阀门或排水管等，如图 7-17 所示。

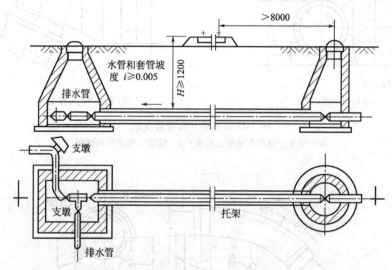

图 7-17　设套管穿越铁路的排水管

管道穿越河谷时，通常采用以下一些方法。

（1）裸露敷设。裸露敷设是我国早期管道穿越江河的一种方法，技术简单、施工方便、无需大型施工机具，缺点是稳管的石笼用量大，浅水区易影响航运和渔业生产。

（2）沟埋敷设。沟埋敷设是把管道埋置于河床稳定层内。现已成为我国水下敷设管道的主要方式。

（3）沿桥敷设。利用现有桥梁或建筑专用管架敷设，应根据河道特性、通航情况、河岸地质地形条件、过河管材料和直径、施工条件选用。当排水管道穿过谷地时，可不改变管道的坡度，采用栈桥或桥梁承托管道，这种设施称为管桥。

（4）倒虹管。若无桥梁可以利用，则可考虑设置倒虹管，倒虹管应选择在地质条件较好的河床及河岸。倒虹管从河底穿越，比较隐蔽，不影响航运，但施工与检修不便。

7.3.4　调节构筑物

给水管网的调节构筑物主要是水池、水塔。清水池的流量调节调节一、二级泵站供水量的差额，还兼有贮存水量和保证氯消毒接触时间作用；水塔是调节二级泵站供水流量和用户用水流量的差额，还兼有贮存水量和保证管网水压的作用。

（1）清水池。给水工程中，常用钢筋混凝土水池、预应力钢筋混凝土水池和砖石水池，一般做成圆形或矩形。清水池应有单独的进水管、出水管及溢水管。溢水管管径和进水管相同，管端有喇叭口、管上不设阀门。清水池的放空管接在集水坑内，管径一般按 2h 内将池水放空计算。为避免池内水短流，池内应设导流墙，隔一定距离设过水孔，使洗池时排水方便。清水池剖面如图 7-18 所示。容积在 1000m³ 以上的水池，至少应设两个检修孔。

（2）水塔。水塔一般采用钢筋混凝土或砖石等建造，主要由水柜、塔架、管道和基础组成。进、出水管可以合用，也可分别设置。为防止水柜溢水和将柜内存水放空，需设置溢水

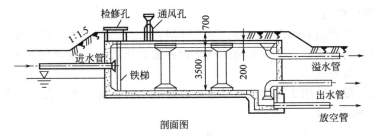

图 7-18　清水池剖面图

管和排水管，管径可和进、出水管相同。溢水管上不设阀门。放空管从水柜底接出，管上设阀门，并接到溢水管上。

7.4　排水管道的接口和基础

排水管道的接口和基础是排水管道正常运行的基础，在实际运行管理中，排水管道渗漏原因常常是接口或基础没有处理好。

7.4.1　排水管道的接口

排水管道的接口形式按接口弹性要求可分为柔性接口、刚性接口两种。

7.4.1.1　柔性接口

柔性接口允许管道纵向轴线交错 3～5mm 或交错一个较小的角度，而不致引起渗漏。柔性接口在土质较差、地基硬度不均匀或地震地区采用，具有独特的优越性。常见的有预制套管接口、沥青麻布接口、沥青砂带接口、石棉沥青卷材接口、橡胶圈接口等。

预制套管石棉水泥接口，如图 7-19 所示，用于地基较弱地段，在一定程度上可防止管道因纵向不均匀沉陷而产生的纵向弯曲或错口，一般常用于污水管。沥青麻布接口适用于平口管和企口管的连接，无地下水，地基沉陷不均的无压排水管。石棉沥青卷材接口，如图 7-20 所示，适用于地基沿管道纵向沉陷不均匀的地区。铸铁管常用橡胶圈柔性接口，如图 7-21 所示。

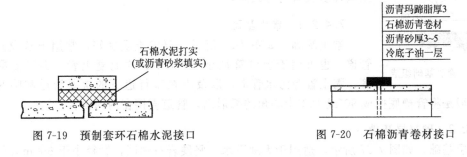

图 7-19　预制套环石棉水泥接口　　　　图 7-20　石棉沥青卷材接口

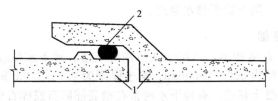

图 7-21　橡胶圈柔性接口
1—橡胶圈；2—管壁

7.4.1.2 刚性接口

刚性接口不允许管道有轴向的交错，抗震性能差，但比柔性接口造价低，用在地基比较良好，有带形基础的无压管道上。常用的有水泥砂浆抹带接口、钢丝网水泥砂浆抹带接口、油麻石棉水泥接口等方式。

水泥砂浆抹带接口适用于埋设在地基土质较好的小管径雨水管和在地下水位以上的污水支管，如图7-22所示。

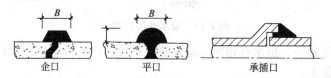

企口　　　　　平口　　　　　承插口

图 7-22　水泥砂浆抹带接口

B—抹带宽度

钢丝网水泥砂浆抹带接口适用于地基土质较好的具有带形基础的雨水、污水管道以及水头低于5m的低压管，如图7-23所示。

油麻石棉水泥接口是先填入油麻，后填入石棉水泥，如图7-24所示。

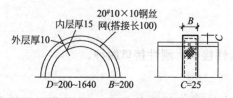
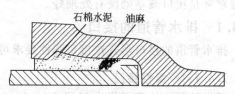

图 7-23　钢丝网水泥砂浆抹带接口

B—抹带宽度；C—抹带高度；D—管道内径

图 7-24　承插是铸铁管油麻石棉水泥接口

7.4.2　排水管道的基础

管道基础是由地基、基础和管座组成，如图7-25所示。

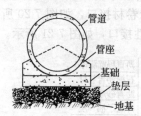

常见的管道基础有素土基础、砂石基础、混凝土基础和枕基四种形式，选择管道基础形式，主要取决于外部荷载、覆土深度、土壤性质及管材等因素。

7.4.2.1　素土基础

素土基础，如图7-26所示，要求土质良好，常用于敷设雨水管道，也可用于敷设管径小于600mm的混凝土管、钢筋混凝土管、陶土管等污水管道，以及不在车行道下的次要管道和临时性

图 7-25　管道基础组成

管道。一般是将管槽底挖成90°或120°中心角的弧形沟，管道直接在沟内设置。

7.4.2.2　砂垫层基础

砂垫层基础，如图7-27所示，适用于无地下水、坚硬岩石地区，管径小于600mm的混凝土管、钢筋混凝土管、陶土管等排水管道。

7.4.2.3　混凝土基础

混凝土基础，如图7-28所示，适用于任何潮湿土壤、地下水位较高、槽底为未在施工中受到扰动的老土、管径为200~2000mm、覆土厚度为0.7~6.0m的管道。无地下水时可在槽底原土上直接浇混凝土基础。有地下水时常在槽底铺卵石或碎石垫层，然后在上面浇混凝土基础。它是沿管道方向浇制带状混凝土基础，中心角的大小有90°、135°和180°三种，混凝土标号常采用C15级。这种基础适用于各种管径的雨水管和污水管。

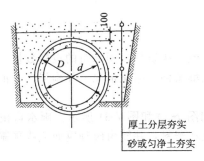

图 7-26　弧形素土基础

d—雨水管内径；D—雨水管外径

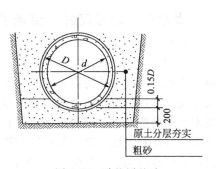

图 7-27　砂垫层基础

d—雨水管内径；D—雨水管外径

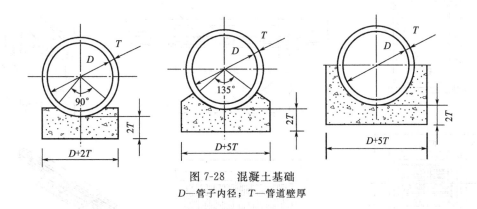

图 7-28　混凝土基础

D—管子内径；T—管道壁厚

7.4.2.4　枕基

枕基如图 7-29 所示，适用于干燥土壤雨水管道及不太重要的污水支管上，常与素土基础或砂垫层基础同时使用。常用于土质较好又干燥、管径在 900mm 以下的雨水管。一般只用于平口管的接口处。其特点是施工简便、造价低。中心角一般为 90°，混凝土标号为 C15。

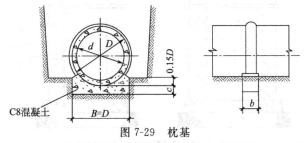

图 7-29　枕基

d—管道内径；D—管道外径；c—基础至管底高度；B—基础宽度；b—基础长度

7.5　排水管渠系统上的构筑物

排水管渠系统除了有输送污水、废水的功能，还设有构筑物收集、连接、检修排水管渠的功能，主要有雨水口、连接暗井、截流井、检查井、跌水井、水封井、换气井、倒虹管、冲洗井、防潮门、出水口等。

7.5.1 雨水口、连接暗井、溢流井

7.5.1.1 雨水口

雨水口应设于地面低洼处，用来收集地面雨水径流的构筑物。雨水口的设置数量，应根据道路（广场）情况、街坊以及建筑情况、地形、土壤条件、绿化情况、降雨强度、汇水面积的大小及雨水口的泄水能力等因素决定。

雨水口的构造形式常用的有平算式和联合式，如图 7-30 和图 7-31 所示。雨水口由井水算、井筒及连接管组成。进水算材料有铸钢、混凝土和塑料，井筒由砖砌筑而成或预制。井底根据需要设置沉泥槽，如图 7-32 所示。

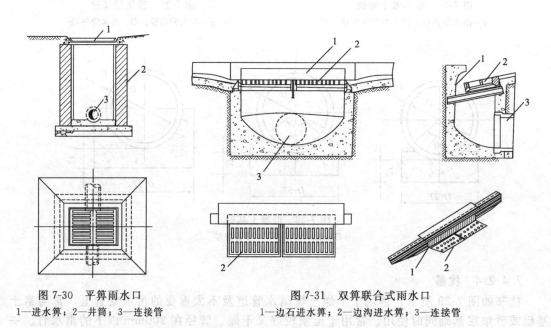

图 7-30　平算雨水口　　　　　　　　　　　　图 7-31　双算联合式雨水口
1—进水算；2—井筒；3—连接管　　　　　　1—边石进水算；2—边沟进水算；3—连接管

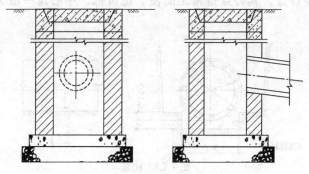

图 7-32　有沉泥槽的雨水口

7.5.1.2 连接暗井

当排水管直径大于 800mm，可在连接管与排水管连接处设连接暗井，如图 7-33 所示。

7.5.1.3 溢流井

在截流式合流制管渠系统中，通常在合流管渠与截流干管的交汇处设置溢流井，溢流井是截流干管上最重要的构筑物。常见的溢流井型式有截流槽式、溢流堰式和跳越堰式等。

截流槽式溢流井是在沿河的岸边铺设一条截流干管，同时在截流干管上设置溢流井，并在下游设置污水厂，适用于对老城市的旧合流制的改造，如图 7-34 所示。这种截流方

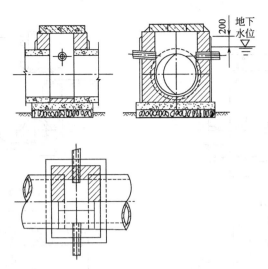

图 7-33　连接暗井

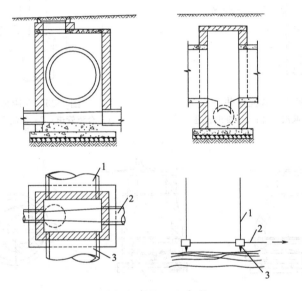

图 7-34　截流槽式溢流井
1—合流管道；2—截流干管；3—排出管渠

式比直排式有了较大的改进，但在雨天时，仍有部分混合污水未经处理而直接排放，成为水体的污染源，而使水体遭受污染。

　　溢流堰式溢流井是在流槽的一侧设置溢流堰，流槽中的水面超过堰顶时，超量的水溢过堰顶，进入溢流管道后流入水体，如图 7-35 所示。

　　跳越堰式溢流井可以更好地保护水环境，但工程费用较大，目前使用不多。适用于污染较严重地区，如图 7-36 所示。

7.5.2　检查井、跌水井、水封井、换气井

7.5.2.1　检查井

　　检查井的位置，应设在管道交汇处、转弯处、管径或坡度改变处、跌水处以及直线管段上每隔一定距离处。检查井以圆形为主，还有矩形及扇形。检查井由井盖、井身和井底组成，如图 7-37 所示。检查井的材料有砖、石、混凝土或钢筋混凝土。检查井在直线管段的最大间距应根据疏通方法等具体情况确定，一般宜按表 7-1 的规定取值。

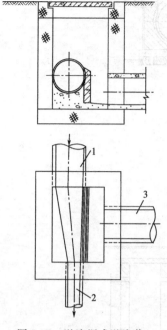

图 7-35　溢流堰式溢流井

1—合流管道；2—截流干管；3—排出管道

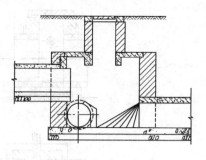

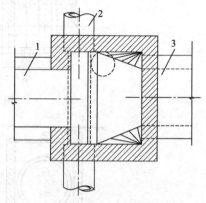

图 7-36　跳越堰式截流井

1—合流管道；2—截流干管；3—排出管道

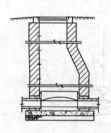
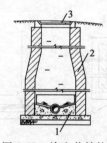
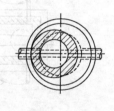

图 7-37　检查井结构

1—井底；2—井身；3—井盖

表 7-1　直线管道上检查井间距

管径或暗渠净高 /mm	最大间距/m	
	污水管道	雨水（合流）管道
200～400	40	50
500～700	60	70
800～1000	80	90
1100～1500	100	120
1600～2000	120	120

检查井各部尺寸，应符合下列要求。

（1）井口、井筒和井室的尺寸应便于养护和检修，爬梯和脚窝的尺寸、位置应便于检修和上下安全。

（2）检修室高度在管道埋深许可时宜为1.8m，污水检查井由流槽顶算起，雨水（合流）检查井由管底算起。

检查井井底宜设流槽。污水检查井流槽顶可与0.85倍大管管径处相平，雨水（合流）检查井流槽顶可与0.5倍大管管径处相平。在管道转弯处，检查井内流槽中心线的弯曲半径应按转角大小和管径大小确定，但不宜小于大管管径，检查井底流槽形式如图7-38所示。

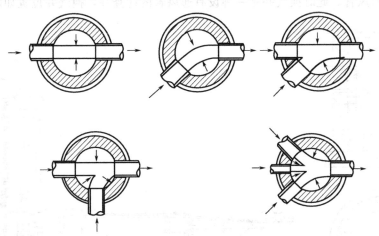

图7-38　检查井底流槽的形式

7.5.2.2　跌水井

跌水井是设有消能设施的检查井，有减速、防冲及消能的作用。跌水方式可采用竖管式或竖槽式，如图7-39和图7-40所示。管道跌水水头为1.0~2.0m时，宜设跌水井；跌水水头大于2.0m时，应设跌水井。

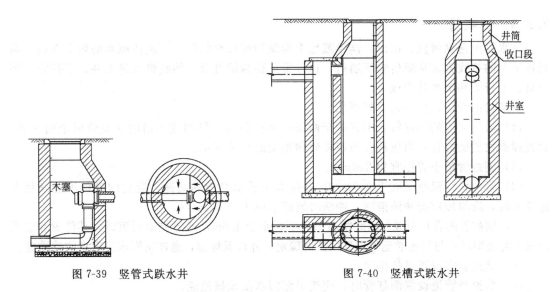

图7-39　竖管式跌水井　　　　　　　图7-40　竖槽式跌水井

7.5.2.3　水封井

排水管线多为非满管流，在管道上方存在着易燃气体，容易产生火灾甚至爆炸。水封井作用是隔绝易爆、易燃气体进入排水管渠。当工业废水中能产生引起爆炸或火灾的气体时，其管道系统中必须设置水封井。水封井位置应设在产生上述废水的排出口处及其干管上每隔适当距离处。水封深度不应小于 0.25m，井上宜设通风设施，井底应设沉泥槽。水封井安装如图 7-41 所示。

7.5.2.4 换气井

换气井是防止易燃气体进入排水管道中，为防止污水中产生的气体发生爆炸，甚至引起火灾，同时也为保证在检修排水管渠时工作人员能较安全地进行操作，有时在街道排水管的检查井上设置通风管。此时换气井是一种设有通风管的检查井，换气井位置如图 7-42 所示。

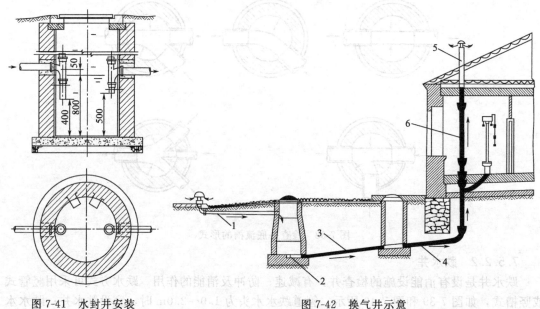

图 7-41 水封井安装　　　　图 7-42 换气井示意

1—通风管；2—街道排水管；3—庭院管；4—出户管；5—透气管；6—竖管

7.5.3 倒虹管

排水管渠遇到河流、山洞、洼地或地下构筑物等障碍物时，不能按原有的坡度埋设，而是按下凹的折线方式从障碍物下通过，这种管道称为倒虹管。倒虹管由进水井、下行管、平行管、上行管和出水井组成。

倒虹管的设计，应符合下列要求。

（1）通过河道的倒虹管，不宜少于两条；通过谷地、旱沟或小河的倒虹管可采用一条。通过障碍物的倒虹管，尚应符合与该障碍物相交的有关规定。

（2）倒虹管最小管径宜为 200mm。

（3）管内设计流速应大于 0.9m/s，并应大于进水管内的流速，当管内设计不能满足上述要求时，应增加定期冲洗措施，冲洗时流速不应小于 1.2m/s。

（4）倒虹管的管顶距规划河底距离一般不宜小于 1.0m，通过航运河道时，其位置和管顶距规划河底距离应与当地航运管理部门协商确定，并设置标志，遇冲刷河床应考虑防冲措施。

（5）倒虹管宜设置事故排出口。

（6）合流制管道设置倒虹管时，应按旱流污水量校核流速。

（7）倒虹管进出水井的检修室净高宜高于 2m。进出水井较深时，井内应设检修台，其宽度应满足检修要求。当倒虹管为复线时，井盖的中心宜设在各条管线的中心线上。

（8）倒虹管进出水井内应设闸槽或闸门。

（9）倒虹管进水井的前一检查井，应设置沉泥槽。

7.5.4 冲洗井、防潮门

（1）冲洗井。当污水管内的流速不能保证自清时，为防止淤塞，可设置冲洗井，如图7-43所示。冲洗井设置在管径小于400mm的管道上，其出水管上设有闸门，井内设有溢流管，供水管的出口高于溢流管管顶，冲洗管道的长度一般为250m左右。

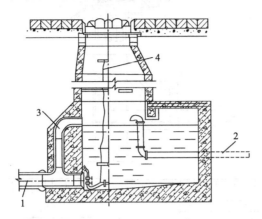

图 7-43　冲洗井
1—出流管；2—供水管；3—溢流管；4—拉阀的绳索

（2）防潮门。临海、临河城市的排水管道，往往会受到潮汐和水体水位的影响。为防止涨潮时潮水或洪水倒灌进入管道，因此应在排水管道出水口上游的适当位置上设置装有防潮门的检查井，如图7-44所示。

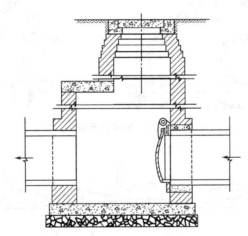

图 7-44　防潮井

7.5.5 出水口

排水管渠出水口位置、形式和出口流速，应根据受纳水体的水质要求、水体的流量、水位变化幅度、水流方向、波浪状况、稀释自净能力、地形变迁和气候特征等因素确定。雨水出水口内顶最好不低于多年平均洪水位，一般应在常水位以上。污水出水口应尽可能淹没在水体水面以下，出水口形式有淹没式、一字式、八字式等，如图7-45所示。当河流等水体的水位变化很大，管道的出水口离常水位较远时，出水口的构造就复杂，因而造价较高，此时宜采用集中出水口式布置形式。

当管道将雨水排入池塘或小河时，水位变化小，出水口构造简单，宜采用分散出水口。图7-46所示为江心分散式出水口。

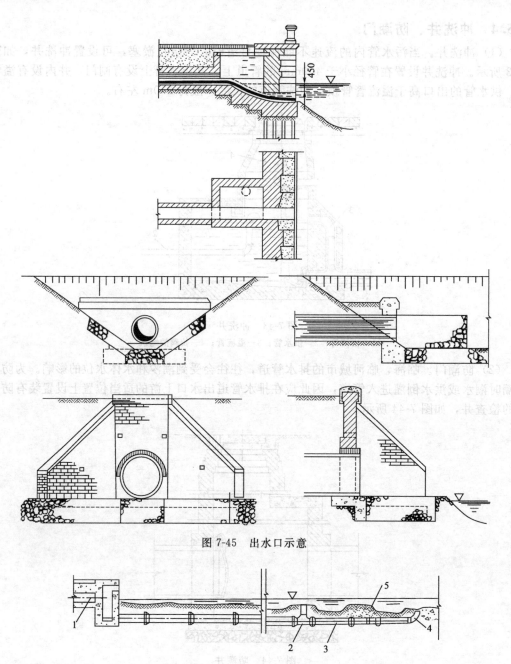

图 7-45　出水口示意

图 7-46　江心分散式出水口

1—进水管渠；2—T形管；3—减缩管；4—弯头；5—石堆

第8章
给水排水管网管理与维护

给水排水管网管理与维护是给水排水系统安全运行的重要保证，其内容包括：(1)建立准确和完善的管网资料档案及查询系统；(2)管网监测与检漏；(3)管道防腐蚀和修复；(4)水质维持与调度管理；(5)排水管道的清通与日常维护。

给水排水管网是一个城市基础建设的重要内容之一，关系到人们日常的工作和生活。为了保证给水排水管网的正常运作，必须及时更新管网资料，掌握管道及配件的位置，并准备好各种管材、配件及修理工具等，以便及时处理城市管网的各种紧急事故。

8.1 给水排水管网档案管理

8.1.1 管网技术资料管理

给水管网档案一般属于自来水公司或者水务集团进行管理，技术管理部门应整理好给水管网图，熟悉图中标有的管线、阀门、阀门井、消火栓、泵站等的具体位置和详细尺寸。排水管网档案一般属于建设部门的市政管理局管理，其技术管理部门应整理好排水管网图，熟悉图中的管线、检查井、泵站等的具体位置、尺寸以及高程。其图纸一般有三类，一是各种比例的象限图（1∶100、1∶500、1∶1000等）；二是按路名绘制的街道图；三是管网区域图。

管网技术资料内容主要有以下几个部分。

(1) 设计资料。设计资料是施工标准又是验收的依据，竣工后是查询的主要依据。内容有设计任务书、给水排水总体规划、管道设计图、水力计算图、构筑物大样图等。

(2) 竣工资料。竣工资料包括以下内容。

① 管网的竣工报告

② 竣工图

a. 管道纵断面图：标明管顶的高程、管径大小、坡度及埋深等。

b. 管道平面图：注明管线布置、管径、阀门及节点等。

c. 节点大样图：标明阀门大样、检查井大样、消火栓大样以及节点与附近其他设施的距离等。图8-1为给水管网的节点详图示例，节点图中部件编号表见表8-1。节点详图可不按比例进行绘制，图的大小比例依据节点复杂程度确定。

③ 竣工情况说明。包括完工日期，施工单位及负责人，材料规格、型号、数量及来源，以及同其他管沟、建筑物交叉时的局部处理情况，工程事故说明及存在的隐患说明，各管段水压试验记录、通水记录、隐蔽工程验收记录等。

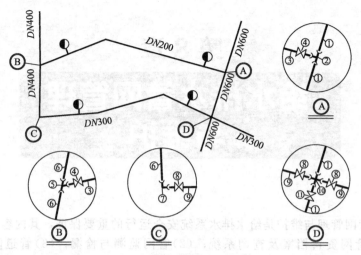

图 8-1　给水管网节点详图

表 8-1　部件编号

编号	管件名称	管件规格	编号	管件名称	管件规格
1	铸铁管	DN600	7	异径弯管	DN400×DN300
2	全承三通	DN600×DN200	8	闸阀	DN300
3	铸铁管	DN200	9	铸铁管	DN300
4	闸阀	DN200	10	全承四通	DN600×DN300
5	全承三通	DN400×DN200	10		
6	铸铁管	DN400	11	闸阀	DN300

（3）管网现状技术资料。管网现状图是说明管网实际情况的图纸，反映了随时间推移，管道的减增变化，是竣工修改后的管网图。

① 管网现状资料的内容

a. 管道平面总图。包括给水排水所有管线，管道材质、管径、走向、阀门、消火栓、检查井、节点位置及主要用户接管位置等。总图用来了解管网总的情况并据此运行和维修。

b. 分块现状平面图。应详细注明支管与干管的管径、材质、坡度、方位、节点坐标、位置及控制尺寸、埋设时间、水表位置及口径、检查井坐标、大小等。它是现状资料的详图。

c. 管道纵断面图。要求同竣工图。

d. 水表卡片。一般包括水表的路名、安装地点、日期、水表编号、用户名称、用水性质、干管口径、水表类型、表前阀口径、表后阀口径、维修情况等，并附简图。

e. 供水用户卡片。包括户名、通信地址、用户方联系电话和联系人等，重点用户要单独列出，要统一编号，并及时增补。

f. 阀门和消火栓卡片。卡片上应有附图，要对所有的消火栓和阀门进行编号，分别建立卡片，卡片上标明地理位置、安装时间、型号、口径及检修记录等。

g. 检查井卡片。包括检查井编号、所属区域、地理位置、型号等，并附有简图。

h. 管道越过河流、铁路及公路的构造详图。

i. 附属设施的图纸及文档资料。比如排水管网中的提升泵站，给水管网中的加压泵站等。

② 管网现状资料的整理。要掌握管网的现状，必须将随时间所发生的变化，管网的增减及变化，及时对管网的现状资料进行整理和更新。

在建立符合现状的技术资料档案的同时，资料专职人员每月需要对图纸和各种卡片进行校对，并及时对所有资料进行修改。对事故情况和分析记录，管道变化，阀门、消火栓、检查井的增减等，均应整理存档。

为适应快速发展的城市建设需要，传统的管理模式已不能适应信息社会的要求，现在逐步开始采用容量大、集各种功能于一体的管网图形与信息的计算机管理系统，而网络技术的推广和应用更使计算机管理工作如虎添翼。

8.1.2 给水排水地理信息系统

地理信息系统（Geographical Information System，GIS）通常泛指用于获取、储存、查询、综合、处理、分析和显示与地球表面位置相关的数据的计算机系统。它的特征有两点：一方面，它是一个计算机系统；另外一方面，它处理的数据是与地球表面位置相关的。

我国的 GIS 发展较欧美先进国家起步约晚 15 年，但发展速度并不慢。以 GIS 在城市方面的应用领域有城市自来水、城市煤气、城市规划、城市地下管线、城市环境、城市道路、城市土地等。

GIS 作为世界性的高科技领域学科和技术体系，已渗透到各行各业。GIS 在给水排水系统中也得到了广泛应用，如上海、深圳、唐山等城市。一般以计算机程序设计语言（如 VC 等）和 GIS 软件（如 mapinfo、arcinfo 等）为开发平台进行二次开发，建立城市管网管理系统，实现管网图形数据和属性数据的计算机录入、修改；对管线及各种设施进行属性查询、空间定位以及定性、定量的统计、分析；对各类图形（包括管线的横断面和纵断面图）及统计分析报表显示和输出；通过 GIS 的集成，使管网图形库、属性数据库及外部数据库融为一体，不仅图文并茂，准确高效，而且宜于动态更新，从而大大提高了管网管理工作的效率和质量。

GIS 管网系统结构如图 8-2 所示。

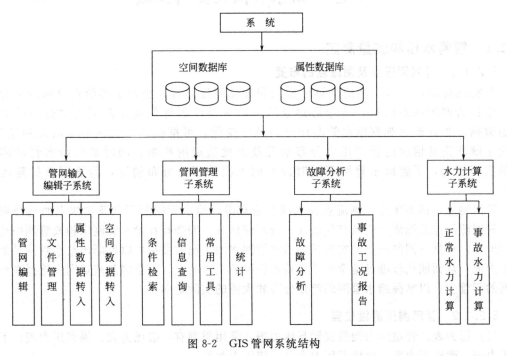

图 8-2 GIS 管网系统结构

对庞大复杂的给水排水管网系统实施科学管理是当前给水排水行业迫切需要解决的问题，建立城市给水排水管网信息化管理系统，可产生良好的效益，具有重要的实践意义：

（1）城市排水管网图文数据库的建立，可实现全市范围内管网图籍资料的计算机管理，便于资料的日常管理工作及管网的维护等；

（2）将城市给水排水管网系统信息输入计算机，建立起给水排水管网系统动态分析平台；

（3）可优化城市给水排水管网系统的设计和规划等；

（4）可了解城市给水排水管网运行现状，使得调度人员、管理人员可以了解管网在不同时段下的运行情况，了解给水排水管网运行特性，可有效指导方案决策。

因此，城市地下给水排水管网管理系统利用 GIS 技术，在建立管网基础信息库的基础上，实现地下给水排水管网的科学化和自动化管理，克服了历年来信息系统在处理图形数据和属性数据时的分离。运用 GIS 将各种信息与地理位置很好地结合在一起，使得给水排水管网的现状得到尽快掌握，不仅使地下管网工程规划更合理，工程预算更准确，而且也保证道路改造，新增管线敷设施工时便于查询与更改设计，既节约了时间和资金，也避免了传统管理可能造成的施工混乱，同时为有关部门和单位提供辅助决策服务，使得城市排水管网的设计、管理与维护具有宏观的经济效益。

未来 GIS 的发展将使其在排水管网管理中的应用能够更加广泛，主要有以下几个方面。

（1）将 GIS 扩展至多维分析，以三维可视化等方式提高管理水平。

（2）GIS 与 RS、GPS 相结合，将后者作为高效的数据获取手段。

（3）越来越多地利用声音、图像、图形等多媒体数据。

（4）进一步与因特网结合，使给水排水管网的地理信息数据可以突破空间的局限，在更大范围内获取和查询。

8.2　给水管网监测与检漏

8.2.1　管网水压和流量测定

8.2.1.1　管网测压点及测流点的布置

要实现对城市给水管网的计算机模拟和优化调度管理，必须了解给水管网的运行工况，掌握管网的动态信息，为今后建立城市给水系统的优化调度模型提供必要的运行状态数据。另外通过观察给水管测压点的异常变化，可推断给水管网的事故发生情况，从而了解非正常情况的管网压力分布情况及由此造成的影响。同时通过给水管网测压点的实测压力，了解给水管网不同时段不同工况的压力分布情况，为管网改扩建提供依据。

管网测点包括测压点、测流点及水质监测点等，给水管网测压点及测流点的选择要求是：管网测压点及测流点应具有代表性。管网测压点一般选择在给水管网末梢或管网中地势高的地方，根据管网测压点的实测压力值和管网水力工况的模拟可以推断出给水管网其他点的压力值，从而能比较准确地全面了解给水管网的工作状况。而管网测流点则应选择在给水管网的干管上，以掌握给水管网的流量分布和大流的实际走向。

8.2.1.2　管网测压测流仪器

（1）压力表。管道压力测量仪器是压力表，常用类型有一般压力表、隔膜压力表、不锈钢压力表、耐震压力表、电接点压力表及远传压力表等。

一般压力表由测量系统（包括接头、弹簧管、齿轮传动机构）、指示部分（包括指针、度盘）表壳部分组成。其工作原理是基于弹性元件——弹簧管变形。当被测介质由接头进入弹簧管自端产生位移，此位移借助连杆经齿轮传动机构的压力传递和放大、使指针在度盘上指示出压力。一般压力表适用范围：适用于测量无爆炸危险、不结晶、不凝固及对铜及铜合金不起腐蚀作用的液体、蒸气和气体等介质的压力。

不锈钢压力表由导压系统（包括接头、弹簧管、限流螺钉等）、齿轮传动结构、示数装置（指针与度盘）和外壳（包括表壳、表盖、表玻璃等）所组成。外壳为气密型结构，能有效保护内部机件免受环境和污垢侵入。对于在外壳内充液（一般为硅油或者甘油）的仪表，能够抗工作环境振动较剧烈和较少介质压力的脉动影响。

电接点压力表由测量系统、指示装置、磁助电接点装置、外壳、调节装置及接线盒等组成。当被测压力作用于弹簧管时，其末端产生相应的弹性变形——位移，经传动机构放大后，由指示装置在度盘上指示出来。同时指针带动电接点装置的活动触点与设定指针上的触头（上限或下限）相接触，致使控制系统接通或断开电路，以达到自动控制和发信报警的目的。在电接点装置的电接触信号针上，装有可调节的永久磁钢，可以增加接点吸力，加快接触动作，从而使触点接触可靠，消除电弧，能有效地避免仪表由于工作环境振动或介质压力脉动造成触点的频繁关断。所以该仪表具有动作可靠、使用寿命长、触点开关功率较大等优点。其实物如图 8-3 所示。

远传压力表由一个弹簧管压力表和一个滑线电阻式发送器组成。仪表机械部分的作用原理与一般弹簧管压力表相同。由于电阻发送器系设置在齿轮传动机构上，因此当齿轮传动机构中的扇形齿轮轴产生偏转时，电阻发送器的转臂（电刷）也得以偏转，由于电刷在电阻器上滑行，使得被测压力值的变化变换为电阻值的变化，而传至二次仪表上，指示出相应的读数值。同时一次仪表也指示相应的压力值。其实物如图 8-4 所示。

图 8-3 电接点压力表

图 8-4 远传压力表

（2）流量计。常用管道流量测量仪器有节流式流量计、转子流量计、电磁流量计、容积式流量计、流体振动式流量计、超声波流量计及质量流量计等。

节流式流量计是在气体的流动管道上装有一个节流装置，其内装有一个孔板，中心开有一个圆孔，其孔径比管道内径小，在孔板前燃气稳定地向前流动，气体流过孔板时由于孔径变小，截面积收缩，使稳定流动状态被打乱，因而流速将发生变化，速度加快，气体的静压随之降低，于是在孔板前后产生压力降落，即差压（孔板前截面大的地方压力大，通过孔板截面小的地方压力小）。差压的大小和气体流量有确定的数值关系，即流量大时，差压就大，流量小时，差压就小。流量与差压的平方根成正比。根据安装于管道中流量检测件产生的差压，已知的流体条件和检测件与管道的几何尺寸来计算流量的仪表。

转子流量计由两个部件组成，一个是从下向上逐渐扩大的锥形管，另一个是置于锥形管中且可以沿管的中心线上下自由移动的转子。测量流体的流量时，被测流体从锥形管下端流入，流体的流动冲击着转子，并对它产生一个作用力（这个力的大小随流量大小而变化）；当流量足够大时，所产生的作用力将转子托起，并使之升高。同时被测流体流经转子与锥形管壁间的环形断面，从上端流出。当被测流体流动时对转子的作用力，正好等于转子在流体中的重量时（称为显示重量），转子受力处于平衡状态而停留在某一高度。分析表明，转子在锥形管中的位置高度，与所通过的流量有着相互对应的关系。因此观测转子在锥形管中的位置高度，就可以求得相应的流量值。转子流量计实物如图 8-5 所示。

电磁流量计的工作原理是基于法拉第电磁感应定律。在电磁流量计中，测量管内的导电介质相当于法拉第试验中的导电金属杆，上下两端的两个电磁线圈产生恒定磁场。当有导电介质流过时，则会产生感应电压。管道内部的两个电极测量产生的感应电压。测量管道通过不导电的内衬（橡胶、特氟隆等）实现与流体和测量电极的电磁隔离。其实物如图 8-6 所示。

图 8-5　转子流量计

图 8-6　电磁流量计

8.2.1.3　管网测点结构

管网测点包括压力（流量）传感器、测控系统、MODEM、超短波电台、电源及定向天线，其结构如图 8-7 所示。

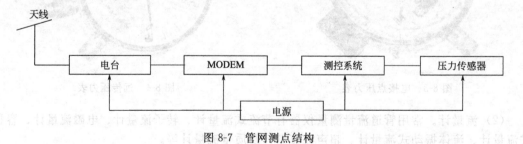

图 8-7　管网测点结构

8.2.2　管网检漏

城市给水管网的漏水损耗非常严重，大部分是由于年久失修的管道接口暗漏造成的。减少漏水等同于开辟新水源，不但有利于降低供水成本，具有较大的经济价值，也有助于节约水资源。对于大孔性土壤的城市，如漏水严重，还会破坏建筑物的基础结构稳定。管道漏水的原因有很多，比如管材质量不合格、接口质量不合格、水压过高、水锤破坏、城市施工损坏以及道路交通负载（如管道埋设过浅或重型车辆通过）等。

8.2.2.1 检漏方法

（1）听音检漏法。听音检漏法分为阀栓听音法及地面听音法。前者用于漏水点预定位，后者用于精确定位。阀栓听音法是用听漏棒或者电子放大听漏仪直接在管道暴露位置（如阀门、消火栓及管道等）听测漏水声音，从而确定漏水管道，缩小漏水检测范围。地面听音法是当通过预定位后，使用电子放大听漏仪在地面听出漏水管道的具体位置，进行准确定位。听测方法为沿漏水管道每隔一定距离进行听音，并进行音量比较，音量最大者即为漏水点位置。

（2）分区检漏法。把整个给水管网分为若干片区，凡是与其他片区相通的阀门全部关闭，片区内暂时停止用水，然后可开启一条装有水表的本片区进水管上的阀门，使水流向片区，如片区内管网漏水，水表指针会转动，可读出漏水量，并判断漏水的严重性。

其他检漏方法还有质量检漏法、水力坡降线法、统计检漏法以及基于神经网络的检漏方法等。

8.2.2.2 检漏应配仪器

根据我国城市供水企业生产规模的不同、制水技术水平的高低以及经济条件的差异，把供水企业进行分类，不同类型配备相应的检漏仪器。

第一类为最高日供水量超过 100 万吨，同时是直辖市、对外开放城市、重点旅游城市供水企业或者国家一级供水企业。

第二类为最高日供水量在 50 万～100 万吨省会城市供水企业或者国家二级供水企业。

第三类为最高日供水量在 10 万～50 万吨供水企业。

第四类为最高日供水量在 10 万吨以下的供水企业。

按不同情况区别配置不同规格的仪器：第一类供水企业配备一定数量电子放大听漏仪（数字式）、听音棒、管线定位仪、井盖定位仪、超级型相关仪及漏水声自动记录仪。第二类供水企业配备一定数量电子放大听漏仪（数字式）、听音棒、管线定位仪、井盖定位仪及普通型相关仪。第三类供水企业配备一定数量电子放大听漏仪（模拟式）、听音棒、管线定位仪及井盖定位仪。第四类供水企业配备少量电子放大听漏仪（模拟式）、听音棒、管线定位仪及井盖定位仪。

8.3　管道防腐蚀和修复

8.3.1　管道防腐蚀

管道腐蚀一般是指金属管道在周围介质的化学、电化学作用下所引起的一种破坏现象。此外无机非金属材料管道（比如陶瓷管、水泥管等）与有机高分子材料管道（如各种塑料管道等）也会受到腐蚀的损坏。腐蚀的表现形式各种各样，有生锈、坑蚀、结瘤、开裂或者脆化等。其按管道被腐蚀部位，可分为内壁腐蚀和外壁腐蚀；按管道腐蚀形态，可分为全面腐蚀和局部腐蚀；按管道腐蚀机理，可分为化学腐蚀和电化学腐蚀等。

8.3.1.1 管道腐蚀

（1）管道外腐蚀。腐蚀是一种化学过程，而且大多都是电化学过程，伴随着氧化还原反应的发生。

① 化学腐蚀。金属的化学腐蚀是指金属表面与非电解质直接发生纯化学作用而引起的破坏。在化学腐蚀过程中，电子的传递是在金属与氧化剂之间直接进行的，因而没有电流产生。又可分为气体腐蚀与在非电解质溶液中的腐蚀两种类型：气体腐蚀指裸金属表面暴露在

空气或其他气体中，形成氧化膜和化合物，在较高温度下氧化膜生长速度通常较快，空气或气体中的水分会加快这类腐蚀的速度；管道内除的液体水外，也含有一定的 CO_2 等易腐蚀管道的化学物质。它们与管道内壁发生化学作用而腐蚀管道。

② 电化学腐蚀。金属管道与电解质溶液作用所发生的腐蚀，是由于金属表面发生原电池作用而引起的，这一类腐蚀叫做电化学腐蚀。管道外腐蚀过程通常是电化学腐蚀。

金属的电化学腐蚀绝大多数是金属同水溶液相接触时发生的腐蚀过程。水溶液中除了其他离子外，总是存在 H^+ 和 OH^-。这两种离子含量的多少用溶液的 pH 值表示。金属在水溶液中的稳定性不但与它的电极电位有关，还与水溶液的 pH 值有关。将金属的腐蚀体系的电极电位与溶液的 pH 值的关系绘成图，称为电位-pH 图，人们利用该图来研究金属的腐蚀与防护问题。

（2）管道内腐蚀

① 金属管道内壁腐蚀。这种侵蚀主要是前面讲述的化学腐蚀和电化学腐蚀。金属管道输送的水相当于电解溶液，因此管道腐蚀大多反映为电化学腐蚀。

② 金属管道细菌腐蚀。城市供水管网中的水经过消毒后，在管网中一般产生有机物和繁殖细菌的可能性很小。但是铁细菌是一种特殊的自养菌，它依赖铁盐的氧化，利用极少的有机物及本身产生的能量而繁殖。铁细菌附着在管壁上，吸收亚铁盐排出氢氧化铁。铁细菌存活期排出的氢氧化铁超出其本身体积的 500 倍，有时甚至造成给水管的堵塞。

8.3.1.2 管道防腐措施

（1）采用复合材料的管道，通过基体和增强材料的选择、匹配、复合工艺等手段进行设计和控制，以最大限度满足使用性能要求和环境条件要求。

（2）采用防腐层，隔绝金属与腐蚀介质的接触。在各种防腐技术中，涂料防腐蚀技术应用最广泛，因为它具有许多独特的优越性。只要涂料品种配套体系选择恰当，涂料防腐仍然是一种最简便、最有效、最经济的防腐蚀措施。据日本腐蚀和防腐蚀协会调查，在涂料、金属表面处理、耐腐蚀材料、防锈油、缓蚀剂、电化学保护、腐蚀研究等七大防腐技术投资中，涂料防腐蚀投资的经费占 60%。

（3）采用阴极保护。阴极保护是目前国内外公认的经济有效的防腐蚀措施，阴极保护分为外加电流法与牺牲阳极法两种，如图 8-8 所示。

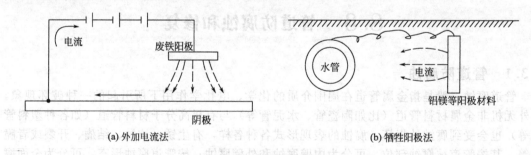

图 8-8　管道阴极保护

① 外加电流法。外加电流法又称强制电流法。它是由外加的直流电源（整流器或恒电位仪）直接向被保护金属管道施加阴极电流使其发生阴极极化。它由辅助阳极、参比电极、直流电源和相关的连接电缆所组成。

② 牺牲阳极法。在被保护金属构筑物上联结一个电位更低的金属或合金作为阳极，依靠它不断溶解所产生的阴极流对金属进行阴极极化。

两种方法的优缺点见表 8-2。

表 8-2　外加电流法与牺牲阳极法优缺点

方法	优点	缺点
外加电流	输出电流、电压连续可调；保护范围大；不受环境电阻率限制；工程规模越大越经济；保护装置寿命长	需要外部电源；对邻近金属构筑物干扰大；维护管理工作量大
牺牲阳极	不需要外部电源；对邻近金属构筑物无干扰或很小；投产调试后可不需管理；工程规模越小越经济；保护电流分布均匀、利用率高	高电阻率环境不宜使用；保护电流几乎不可调；覆盖层质量必须好；投产调试工作复杂；消耗有色金属

8.3.2 管道清垢和涂料

城市给水管道在长期运行过程中，由于水质的物理化学特性及微生物作用，使管道内壁发生腐蚀或结垢。水垢的组成根据其化学成分可分为颗粒状水垢、碳酸盐水垢、硫酸盐水垢、氢氧化物水垢及硅酸盐水垢、磷酸盐水垢等。这些管垢一方面缩短了管道使用寿命，金属给水管道内壁的腐蚀结垢，长时间易导致管道穿孔漏水而无法修复；另一方面也降低了管网输水能力，增加了输水电耗。金属给水管道内壁腐蚀结垢后，管道的比阻值增加，根据某些地方的经验，内壁涂水泥砂浆的铸铁管，虽经长期使用，其 n 值基本上可维持不变，未涂水泥砂浆的铸铁管，使用 $1\sim2$ 年后，其粗糙系数可增大到 0.025 左右。过水断面减小，导致管网输水能力下降，输水电耗增加；而且另一方面对水质产生不良影响。与管网水发生化学反应，从而引起管网水质恶化以及余氯和溶解氧的衰减。此外其还为微生物提供良好的栖息地，使管内壁易于生长生物膜，同时还能够吸收和累积一些有毒有害的物质，增加管网水的生物不稳定性。因此，清除给水管道内锈垢并采取必要的防腐措施，不仅可以恢复其通水能力，降低电耗，而且可改善管道内卫生状况，保证供水水质。

8.3.2.1 管道水垢的清除

管道清垢也就是管内壁涂衬前的刮管工作。水垢的清除方法很多，主要有四种：水力冲洗法、气水联合冲洗法、机械清洗法、化学清洗法。但要从根本上解决水垢的产生，必须提升输送水水质。

（1）水力冲洗法。适用于结垢物表面松软层与管壁胶结不紧密时，可采用高速水流冲洗，当水的压力为 $0.2\sim0.3$MPa，水的流速为正常工作流速的 $3\sim5$ 倍，一般可将软垢冲洗干净。优点是所用设备较少，冲洗方法简单，对管道安全无影响，缺点是冲洗不彻底，不能冲洗坚硬水垢层。

（2）气水联合冲洗法。当结垢较硬，与管壁结合紧密的水垢，可采用气水联合冲洗，如图 8-9 所示。采用气水联合冲洗，即在对管道进行压力水冲洗的同时输入压缩空气（水压为 0.2MPa，空气压力为 0.7MPa）。压缩空气进入管道后迅速膨胀，在管内与水混合，产生流速很大的气水混合流，管内紊流加剧，对管壁产生很大的冲击、振动，使水垢在管壁胶结逐渐松弛、脱落。一般每次冲洗长度为 $500\sim200$m，冲洗时第一次压力水冲洗 $15\sim30$min 后进入第一次气水冲洗 $40\sim60$min，再进行第二次压力水冲洗 $20\sim30$min 后再进行第三次压力

图 8-9　气水联合冲洗

水冲洗 20~40min。直到出水达到饮用水标准，冲洗作业结束。用气水冲洗一般可恢复通水能力 80%~90%。

（3）机械清洗法。管内壁形成了坚硬的结垢，必须采用机械刮除，即采用刮管器进行刮除。刮管器一般由内切削环、刮管环和钢丝刷等组成，用钢丝绳在管内来回拖动。优点是能刮除气水联合冲洗难于清除的坚硬水垢。

（4）化学清洗法。化学清洗法是利用酸类溶解各种腐蚀性水垢、碳酸盐水垢和有机物水垢。一般是以硫酸或盐酸为主要溶液，加入适量抑制剂、消沫剂配合而成。酸洗液的配方及浸泡时间根据采样试验确定，以不造成对管道产生腐蚀为标准，并对浸泡时间严格要求，以免损伤管道。浸泡后，进行排酸，排酸时应采用水顶酸法排出，再用高压水彻底冲洗管道。最后加入钝化剂，在管内制造钝化膜，完成全部作业。排出的废酸不能直接排入下水道、天然水体或大地，而要用石灰中和后，再处理。酸洗法一般适用于中、小口径管道的清洗。

8.3.2.2 管道清洗程序

不论采用什么样的清洗方式，事先应仔细了解管道设备的有关情况，主要包括干管长度、管径、支管、三通弯头、阀门等准确位置、水垢情况，包括软垢层厚度、硬垢层厚度、采用化学清洗时还应割取管段分析水垢成分、含量，试验酸洗液配方、浸泡时间。这些工作完成后，即可进行清洗工作。

清洗作业程序如下。

（1）拆除所有支管，以免堵塞。

（2）挖工作坑，连接清洗设备。

（3）清洗作业（包括水力清洗、化学清洗、机械清洗等）。

（4）冲洗管道达到水质标准。

（5）进行水压试验并处理清洗作业引起的漏水。

（6）连接支管，结束全部作业。

8.3.2.3 管壁防腐涂料

涂层的用意是要在金属表面上形成一层绝缘材料的连续覆盖层，将金属与其直接接触的电解质之间进行绝缘（防止电解质直接接触到金属），即设置一个高电阻，使得电化学反应无法正常发生。给水管材的防腐主要为管道的内、外防腐。在管道外壁进行优质的防腐保护是延长管道寿命的关键因素之一，根据近年来的工程经验，目前应用最为广泛的外腐材料是环氧煤沥青。环氧煤沥青具有防腐效果好、便于施工造价低等优点。管道内防腐处理十分重要，不仅影响管道的使用寿命，而且还影响管道的输水能力及常年运行费用。目前在国内采用较多的内防腐层措施有水泥砂浆、环氧砂浆和有机涂层等。

（1）水泥砂浆法。管壁清垢后，在管内衬涂保护涂料，以保护输水能力和延长管道寿命。一般是在水管内壁涂水泥砂浆或者聚合物改性水泥砂浆。水泥砂浆涂层为 3~5mm 厚，聚合物改性水泥砂浆涂层约为 1.5~2mm 厚。前者用 M50 硅酸盐水泥或者矿渣水泥和石英砂拌和而成，后者由硅酸盐水泥、聚醋酸乙烯乳剂、水溶性有机硅、石英砂等按一定比例配合而成。采用喷浆机进行水泥砂浆法涂抹。

（2）环氧树脂涂衬法。环氧树脂具有耐磨性、柔软性、紧密性，使用环氧树脂和硬化剂混合后的反应型树脂，可以形成快速、强劲、耐久的涂膜。

环氧树脂的喷涂采用高速离心喷射原理，一次喷涂的厚度为 0.5~1mm 厚，便可以满足防腐要求。环氧树脂涂衬不影响水质，施工工期短，当天施工可当天通水。缺点是操作复杂，施工设备繁杂。

（3）内衬软管法。内衬软管法即在旧管内衬套管，有滑衬法、反转衬里法、"袜法"及用弹性清管器拖带聚氨酯薄膜等方法，该法改变了旧管的结构，形成了"管中有管"的防腐形式，防腐效果非常好，但造价比较高，材料需要进口，目前大量推广有一定的困难。

（4）风送涂料法。目前国内不少部门在输水管道上采用了风送涂衬的措施。利用压缩空气推进清扫器、涂管器，对管道进行清扫及内衬作业。用于管道内衬前的除锈和清扫，一般要求反复清扫3～4遍，除去管道内壁的铁锈，并把管内杂物扫除。用压力水对管段冲洗，用压缩空气再把管内余水吹排掉。

现实中，所有的涂层，不论总体质量如何，都存在空洞（通常称为不连续点），这被称做漏点，这些漏点一般是在涂敷、运输或者安装过程中产生的。使用过程中，涂层漏点一般是由于涂层老化、土壤应力或是管道在土壤中移动而产生的，有时也可能来自未被及时发现的第三方破坏。

8.4 管网水质维持与调度管理

8.4.1 管网水质维持

一般来讲，经过水厂处理过的水都能达到国家所要求的水质标准。出厂水需要通过复杂庞大的管网系统才能输送到用户，其管线长度可达数十至上百千米，水在管网中的滞留时间可达数日，庞大的地下管网就如同一个大型的"反应器"。试验证明，水在这样的反应器内发生着复杂的物理、化学、生物的变化使管网结构完整性被破坏，从而导致水质发生变化，造成管网污染。给水管网直接面向用户，是供水系统中的一个重要环节。居民饮用水的清洁状况如何，直接影响到人民的身体健康，也将关系到供水企业的形象。为满足用户对水质需求奠定了良好的基础。就管网水质而言，能否保持管网水质与出厂水质相同，实时将优质水供应到城市的千家万户，则是一项十分浩大的系统工程。管网水质污染产生的原因如下。

（1）管材对水质的影响。供水管网的管材主要分两大类：金属管材和非金属管材。目前金属管材主要有钢管、镀锌管、铸铁管；非金属管主要有混凝土管系列、塑料管和复合管。管道材质的不同，对水质有不同的影响。金属管壁由于受到水的腐蚀性等原因，容易形成以氧化铁为主的结垢。而且使用时间越长，结垢层越厚，增大了管道阻力，使管道中的微生物、有机物黏附在管道内壁，容易滋生厌氧菌，使细菌含量超标，对水质形成污染。水若在管道中长时间停留或水力条件发生急剧变化时，一旦拧开放水易产生黄水和铁腥味臭水。

非金属管主要存在部分污染物质的析出问题，如水泥管对机械损坏的热振动十分敏感，小的裂缝能与插入的腐蚀产物形成碱性物质，并从水泥中浸出；塑料管在水中可能发生溶解反应，使化学物质从塑料中浸出，浸入水中的可能是溶解反应物、没反应的组分或杂质，所有这些都会造成水质污染。使用年限长且无衬里的管道和涂沥青类物质内衬的管道，由于内壁腐蚀、结垢，也会导致水中铁、锰、铅、锌等金属物质和各种细菌、藻类、苯类、挥发酚类指标的含量较大。管网中早期使用的管材，有些管道内壁没有防腐层，即使有，但经过多年的使用，管壁的防腐层也容易脱落，这部分管材与水中的氧发生氧化反应，在管壁形成锈垢，严重影响供水水质。水泥砂浆衬里是国内外常见的内衬涂料，它能有效地防止管网内壁腐蚀，并阻止红水现象的发生，但是砂浆衬里的腐蚀或软化和水的碱化作用会对水质产生不良影响。

（2）管道附属设施和管道设计施工等方面的原因也会影响管网水质。为了管网的正常运行，管网中需设置一定数量的控制阀门、泄水阀、消防栓等附属设施，这些附属设施长期置于地下或露天，经常受到雨水或其他污水的侵蚀，极易损坏。管网一旦失压，会将附近地下污水吸入管网，造成二次污染。新装管道施工的过程中，因措施不当脏（污）水进入浸泡（地处化工区域稍不注意则影响更大）。若管道未做冲洗并网，无切实冲洗方案和采取措施不力，因冲、排水管截面比率小以及冲洗强度、冲洗历时不足及检验不严格等，都易使管道在并网供水后产生污染或影响连接支管引发堵、缠绕供水设施现象。

（3）管网压力不稳，在一定程度上会间接地对管网造成污染。在用水高峰时使用太阳能，特别是高楼层用户使用时，由于压力低，太阳能可能不上水，反而会发生水倒流入管网现象。由于太阳能开口直接与大气接触，容易滋生细菌，这些水进入管网，势必会对管网水质造成影响。

（4）泄水管道接至下水管道的井中或接至河堤岸，汛期排水口低于河床水位，若泄水阀门关闭不严，则会引起脏水倒灌，引起管内污染。

（5）具备自备水水源的用户贮（用）水设备与供水管道相通，如无任何隔断措施，管网突因停水或管网水压低等原因导致回流入供水管内，导致污染。

（6）二次供水引起水质污染

① 水箱或水池易使贮存水受到二次污染。一般生活用水所占的比例在贮水池总容积的20%以下，而对于80%以上的消防用水则要求长期不被动用，靠生活用水将贮水池内的水全部更新一次所需的时间很长，池内的水流十分缓慢，流动性极差，此时自来水中余氯也已经耗尽，微生物滋生致使水质腐败，这是水质下降的根本原因。

② 水箱或水池结构不合理

a. 涂料不符合卫生要求，以及箱、池壁易沾染污物并不易清洗干净。

b. 箱、池体内的管、孔布置不合理，因进出箱、池的水循环不佳，容易形成死水区。

c. 通气孔、人孔、溢流管封口处理不当，导致蚊虫、鼠或其他动（异）物进入。

d. 贮水箱（池）的管理不善，使其不能得到及时专业队伍清洗，引起了微生物的繁殖，污染了水质。

（7）制度不健全，管理不严，对供水管网和附属设施，缺乏一整套的巡线、维护管理制度；无专职管理人员，不能及时发现问题及采取防止污染措施。

供水管网是给水系统的重要组成部分，改善管网水质无疑也是改善供水水质的一个重要环节。供水部门在发展净水技术，改造净水工艺设施，提高出厂水水质的同时，应该加强对输配水系统的维护管理，控制出厂水在输配过程中的二次污染，使我国城市饮用水的水质实现国家规定的水质标准。这对保障人民身体健康，保证社会经济的持续稳定发展有着重要的意义。针对管网水质污染或坏死的几种原因，改善和提高管网水质，相应防治措施与对策如下。

（1）推广应用新型管材，加快陈旧管网改造步伐。

为避免管道材质品种的多样化，造成将来的维护管理诸多不便。推广应用新型管材宜选择 2～3 种，如埋地给水管以球墨管和 HDPE 管两种为主体的给水管材；室内给水管以钢塑复合管、PP-R 管等。此外，选用的管网阀门与配件等，其阀体或配件内壁面应有热喷涂 PE 等材料防腐措施。加强对房地产建筑室内给水管道的质检与接收管理，确保符合国家水质标准要求的管材、配件与设备进入到供水管网。加快更换已腐蚀、使用多年、陈旧的铸铁管和镀锌管。对确实不能进行更换铸铁管的地段，改善管网水质的方法可采用衬管技术。

（2）合理制订管道工程施工与管网冲洗计划，严格按国家有关规范标准实施管道工程施工与验收的管理。

对柔性短管连接安装，禁用对水质有影响即对人体有害或对橡胶圈有腐蚀作用的润滑剂。加强新装管道的冲洗消毒方案制订与措施的实施力度：被冲洗管与排出水管截面比率应满足 1/2，冲洗流速应达 1～1.5m/s，冲洗历时以排出水浊度小于 3NTU，检验符合国家水质卫生标准的规定。对隔日继续安装管道的，应在前一日采用不透水玻纤布封堵其管口，避免沟槽脏（污）水或漂浮异物等倒灌入管内，在雨季多发期应注意封堵措施引起的浮管。加强对枝状管网末梢泄水阀或消火栓的定期泄水排放。除此之外，应合理增设管网泄水阀与砌筑井室，制订实施排放水的计划，并落实检查完成情况。

（3）加强对水厂、加压泵站的运行维护管理，避免因人为操作故障引发停产停泵。对大口径管网阀门的操作与维护，应加强严格管理，避免因快关或快开引发管网水流急剧变化而产生水锤，严禁对在运行管网进行带压拆卸维修或更换蝶阀传动齿轮箱。

（4）加强对接入河床或接至下水管道中排（泄）水阀的维护管理，使其绝对处于完好状态。在汛期还应加强该管段的巡检维护工作力度，发现管道阀门故障及时修复处理。

（5）对确需实施分压分域供水的，应统筹并合理地调度管网阀门与调度方案相关的设计、施工及管理工作，排除或避免管网水质由"活变死"的现象。加强对管网末梢的消火栓或泄水阀的定期吐放管理工作。

（6）加强对具备自备水水源的用户贮（用）水备与供水管道相通的管理，严格按《供水用水条例》和有关法规实施处理。因特殊情况，自建供水设施确需与供水管网连接的，经供水与卫生行政主管部门批准后，在管道连接处应采取必要的防护措施。

（7）加强对二次供水设施的管理

① 以满足楼房顶层用户的供水压力实时需求为前提，减少或取消屋顶水箱，避免产生二次污染。对住宅楼房相对集中区域实施优化二次加压供水结构方式，对处在四层以上水箱供水的，采用变频给水方式集中加压供水。

② 加强水箱（池）的专业化清洗或对金属箱体做内衬、涂料防腐处理，使其符合卫生标准要求。

③ 改造箱（池）体内，因孔、管、封口的布置，使其利于进、出水循环，避免蚊虫、鼠或其他异物进入。

（8）加强对用户管网和附属设施的监督管理，建立相应的检查制度，逐步取消与管网相连的用户自备蓄水池及屋顶增压水箱等设施。制订有关技术规范，建立管理档案，加强供水管道管理，建立一整套防止管网水污染的管理制度。

8.4.2　调度管理

管网调度的目的是安全可靠地将水压、水量、水质符合要求的水送往每一用户，以期最大限度地降低生产成本，取得较好的社会效益和经济效益。

城市管网的调度管理是很复杂的，以前仅靠人工经验调度已不能符合现代化管理的要求。先进的调度管理充分利用计算机技术并建成管网图形与信息的计算机管理系统。

对于多水源的给水系统，通常在管网中设有水库和加压泵站。多水源给水系统必须采用集中调度的措施，建立调度管理部门，及时了解整个给水系统的生产情况，随时进行调度，将各个方面的工作协调，从而经济有效地供水。

管网调度的控制方法分为在线控制和离线控制两大类。所谓在线控制是在管网中若干监测点设置检测仪表，实时测量管网运行中的各项参数（压力、流量等）并及时传递到中央调度室，经计算机系统进行最优化计算，得出优化调度方案，并立即下达指令给各水泵站进行相应的调节。这种调节是"实时的"、"在线的"，因而也是最理想的。要实现在线控制必须有相应的"硬件"作为基础，在管网中设置检测仪表及相应的通信手段和数据采集系统等。管网在线控制现在大多采用 SCADA 系统。SCADA 系统即监控与数据采集系统，是将先进的计算机技术、工业控制技术、通信技术有机地结合在一起，既具有强大的现场测控功能，又具有极强的组网通信功能，是自动化领域广泛应用的重要系统之一。所谓离线控制是以用水量预测技术为基础的一种控制方式。根据过去的大量运行资料，结合当前的用水情况，运用数学方法预测次日的管网日用水量和逐时用水量,以此为依据进行优化计算,制订出次日逐时调度方案并付诸实施,这不同于经验型的调度方案,因而具有科学性和预见性。

要进行管网的调度,必须快速、准确地求出表征系统工作状况的一些特征参数,比如控制点等处的水压、流量等。为此必须建立管网的数学模型,进行管网水力计算。常用的管网数学模型有两类:微观模型和宏观模型。管网的微观模型,即传统的管网计算模型。管网从实际管网简化而来,应用节点方程、环方程和管段方程构成管网基本方程组,以模拟给水系统的工作情况。管网的宏观模型就是在以往运行资料的基础上,应用统计分析的方法建立起来的一种经验性的数学表达式。它不必考虑管网中具体各节点、管段的工作状态,而是从整个系统考虑,直接描述与管网调度决策有关的管网主要参数之间的函数关系。

调度管理部门是整个管网也是整个给水系统的管理中心,不仅要负责日常的运行管理,当管网发生事故时,还要立即采取相应的措施解决。要做好调度工作,必须熟悉各水厂和泵站中的设备,掌握管网的特点,了解用户的用水情况,才能发挥应有的作用。

8.5　排水管道养护

随着国家对节能减排、雨污水分流、污水处理重视程度的提高,污水处理厂及排水管网建设速度明显加快。在各地普遍重视污水处理的同时,却忽视了对已有管网的维护管理,或者维护管理只是局部的、经验性的,没有必要的检测手段,没有形成科学、系统、周期性的机制,造成管网存在较多病害,重建设、轻维护现象依然存在,管道维护技术十分落后。由于病害存在,管道通水能力降低,收水量不足,使污水处理厂的能力闲置,造成浪费;甚至城区污水漫溢,污染环境;雨水管网排水不畅,则造成城区道路积水,影响出行。可见做好排水管道的维护管理工作,充分发挥其功能,保证其正常运行,对于维持城市正常秩序,提升城市品位,有着重要意义。

排水管渠在建成通水后,为保证其正常工作,必须经常进行养护和管理。排水渠内常见的故障有:污物淤塞管道;过重的外荷载、地基的不均匀沉降或者污水的侵蚀作用,使管渠损坏、裂缝或腐蚀等。排水管渠管理养护的主要任务是:验收排水管渠;监督排水管渠使用规则的执行;经常检查、冲洗或清通排水管渠,以维持其通水能力;修理管渠及构筑物,并处理意外事故等。

8.5.1　排水管渠清通

排水管道中,往往由于水量不足、坡度较小、污水中污物多、高水位运行或施工质量不良以及河水顶托等原因而发生沉淀、淤积,淤积过多将影响管渠的通水能力,甚至致使管道堵塞。实际工作中,雨水管道的上游和下游,污水管道的上游易发生淤积、沉淀,因此必须定期疏通。清通的常用方法有水力清通和机械清通等。

8.5.1.1　水力清通

水力清通方法是用水对管道进行冲洗,将上游管中的污泥排入下游检查井,然后用吸泥车抽吸运走,如图8-10所示。水力清通方法操作简单,功效较高,工作人员操作条件较好,目前已得到广泛采用。吸泥车的型式有:装有隔膜泵的吸泥车;装有真空泵的真空吸泥车;装有射流泵的射流泵式吸泥车等。

水力清通方法是用水对管道进行冲洗。可利用管道内污水自冲,也可利用自来水或河水。不同的疏通方法适用于不同的环境条件。有些管道从来不用疏通却很干净,也有一些管道特别容易淤积,淤积的原因就是这些管道达不到 $0.7\mathrm{m/s}$ 左右的自清流速。

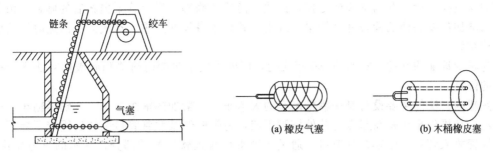

图 8-10　水力清通操作

水力疏通就是采用提高管渠上下游水位差，加大流速来疏通管渠的一种方法。提高水位差有三种做法。一种是调整泵站运行方式，即在某些时段减少开车以抬高管道水位，然后突然加大泵站抽水量，造成短时间的水头差。这种方法最方便，最省钱。第二种做法是在管道中安装闸门，包括固定和临时闸门，其优点是完全利用管道自身的污水而且无需人工操作。平时闸门关闭，水流被阻断，上游水位随即上升，当水位上升到一定高度后，依靠浮筒的浮力将闸门迅速打开，实现自动冲洗，周而复始。第三种做法是在管道内放入水力疏通球，水流经过浮球时过水断面缩小，流速加大，此时的局部大流速足以将管道彻底冲洗干净。实践证明，当检查井的水位升高到 1.2m 时，突然放水不仅可清除淤泥，而且可冲刷出沉在管道中的碎砖石块。在所有疏通方法中，水力疏通无疑是最合理、最经济、速度最快、质量最好的一种。其所耗用的人工不到绞车疏通的 1/3，其单价不到绞车疏通的 1/3。

8.5.1.2 机械清通

当管道淤塞严重，淤泥已黏结密实，水力清通的效果不好时，需要采用机械清通。较简单的方法是通过绞车和穿在清淤管道内的钢丝绳的反复移动，带动清通工具将淤泥刮向下游检查井内，使管渠得以清通。绞车移动可以是手动，也可以是机动，例如以汽车发动机为动力。实际作业时，由于淤泥已黏结密实，需要先将作业段两侧封堵，注水将淤泥浸泡软化后，才能用绞车拖动。为加快清淤积进度，可采用射水车、吸污车、抓泥车、运输车联合作业方式，绞车每拖动 1 次，可用吸污车将拖至检查井内的较稀的淤泥吸走，剩下较稠的，用抓泥车或人工提至地面并装车。城市排水管网大规模清淤时，应按排水系统为单元，先是上游支线，再是干线，最后是主干线。

8.5.1.3 射水疏通

射水疏通是指采用高压射水清通管道的疏通方法。因其效率高、疏通质量好，近年来在我国许多城市已逐步被采用。不少城市还进口了集射水与真空吸泥为一体的联合吸污车，有些还具备水循环利用的功能，将吸入的污水过滤后再用于射水。这种联合吸污车效率高，但车型庞大，价格昂贵。而单一射水车，尤其是国产射水车，因其价格便宜，机具使用率普遍较高。射水疏通在支管等小型管中效果特别好，但是在管道水位高的情况下，由于射流速度受到水的阻挡，疏通效果会大大降低。多数射水车的水压都在 $150kg/cm^2$ 左右，少数可达 $200kg/cm^2$，在非满管的情况下能彻底清除管壁油垢和管道污泥。如果装上一种带旋转链条的特殊喷头，还可以清除管内固结的水泥浆。

8.5.2 排水管渠修复

系统地检查管渠的淤塞及损坏情况，有计划地安排管渠的修复，是养护工作的重要内容。当发现管渠系统有损坏时，应及时修复，以防损坏处扩大而造成事故。管渠的修复有大修和小修之分，应根据各地的技术与经济条件来划分。修理内容包括检查井、雨水口顶盖等的修理与更换；检查井内踏步的更换，砖块脱落后的修理；局部管渠损坏后的修补；由于出户管的增加需要添建的检查井及管渠；或由于管渠本身损坏严重，造成无法清通时所需的整段开挖翻修。

为减少地面的开挖，20世纪80年代初，国外采用了热塑内衬法和胀破内衬法进行排水管道的修复。

热塑内衬法的主要设备是一辆带吊车的大卡车、一辆加热锅炉挂车、一辆运输车、一只大水箱。其操作步骤是在起点窨井处搭脚手架，将聚酯纤维软管管口翻转后固定于导管管口上，导管放入窨井，固定在管道口，通过导管将水灌入软管翻转部分，在水的重力作用下，软管向旧管内不断翻转、滑入、前进，软管全部放完后，加65℃热水1h，然后加80℃热水2h，再注入冷水固化4h，最后在水下电视帮助下，用专用工具，割开导管与固化管的连接，修补管渠的工作全部完成。图8-11为热塑内衬法示意。

胀破内衬法是以硬塑料管置换旧管道，如图8-12所示。其操作步骤是在一段损坏的管道内放入一节硬质聚乙烯塑料管，前端套接一根钢锥，在前方窨井设置一台强力牵引车，将钢锥拉入旧管，旧管胀破，以塑料管替代；一根接一根直达前方检查井。两节塑料管的连接用加热加压法。为保护塑料管免受损伤，塑料管外围可采用薄钢带缠绕。上述两种方法适用于各种管径的管道，且可以不开挖地面施工，但费用较高。

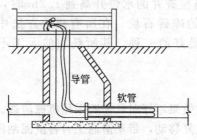
导管
软管

图 8-11　热塑内衬法示意

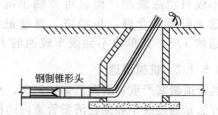
钢制锥形头

图 8-12　胀破内衬法示意

当检查井改建、增建或整段管渠翻修、内衬修复时，需要断绝污水的流通。此时应用水泵将污水从上游检查井抽送导流到下游检查井中，或将污水临时导流入雨水管渠中。可根据不同管径、埋深、水位情况，采用充气管塞、机械管塞、木塞、止水板、黏土麻袋或墙体等方式实现断流，也可通过设置闸槽井来实现断流。管渠维修项目尽可能在夜间进行，需要时间较长时应与交通管理部门联系，设置路障及警示灯。在主要交通干道、居民集中区或地下管线复杂不易开挖施工路段，应采用拉管等非开挖顶管方式施工。

8.5.3　排水管道渗漏检测

排水管道的渗漏检测是一项重要的日常工作，但常常受到忽视。如果管道渗漏严重，将不能发挥应有的排水能力。为了保证新管道的施工质量和运行管道的完好状态，应进行新建管道的防渗漏检测和运行管道的日常检测。排水管道渗漏检测常用方法有闭水试验、气压法、水压法及管道内窥检测法等。我国目前的闭水试验要求主要是针对新建管道验收时的规定，对使用中的管道需要检测的要求并没有明确提出。国外一般要求使用中的管道每隔一段时间需要检测一次。在我国北方等一些水资源短缺的地区，采用气压法进行检测不但节约了水资源，而且简化了检测步骤，使检测方法简单可行。

图8-13所示为一种低压空气检测法，是将低压空气通入一段排水管道，记录管道中空气压力降低的速率，检测管道的渗漏情况。如果空气压力下降速度超过规定的标准，则表示管道施工质量不合格，或者需要进行修复。

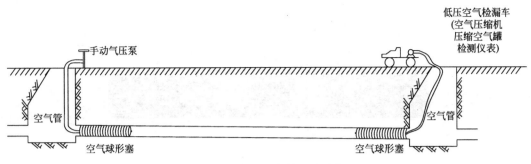

图 8-13 低压空气检测法示意

附 录

附录1　我国若干城市暴雨强度公式

省、自治区、直辖市	城市名称	暴雨强度公式	资料记录年数/a
北京		$q=\dfrac{2001(1+0.811\lg P)}{(t+8)^{0.711}}$	40
上海		$q=\dfrac{5544(p^{0.3}-0.42)}{(t+10+7\lg P)^{0.82+0.07\lg}}$	41
天津		$q=\dfrac{3833.34(1+0.85\lg P)}{(t+17)^{0.85}}$	50
河北	石家庄	$q=\dfrac{1689(1+0.898\lg P)}{(t+7)^{0.729}}$	20
河北	保定	$i=\dfrac{14.973+10.266\lg TE}{(t+13.877)^{0.776}}$	23
山西	太原	$q=\dfrac{880(1+0.86\lg T)}{(t+4.6)^{0.62}}$	25
山西	大同	$q=\dfrac{1532.7(1+1.08\lg T)}{(t+6.9)^{0.87}}$	25
山西	长治	$q=\dfrac{3340(1+1.43\lg T)}{(t+15.8)^{0.93}}$	27
内蒙古	包头	$q=\dfrac{1663(1+0.985\lg P)}{(t+5.40)^{0.85}}$	25
内蒙古	海拉尔	$q=\dfrac{2630(1+1.05\lg P)}{(t+10)^{0.99}}$	25
黑龙江	哈尔滨	$q=\dfrac{2889(1+0.9\lg P)}{(t+10)^{0.88}}$	32
黑龙江	齐齐哈尔	$q=\dfrac{1920(1+0.89\lg P)}{(t+6.4)^{0.86}}$	33
黑龙江	大庆	$q=\dfrac{1820(1+0.91\lg P)}{(t+8.3)^{0.77}}$	18
黑龙江	黑河	$q=\dfrac{1611.6(1+0.9\lg P)}{(t+5.65)^{0.824}}$	22
吉林	长春	$q=\dfrac{1600(1+0.8\lg P)}{(t+5)^{0.76}}$	25
吉林	吉林	$q=\dfrac{2166(1+0.680\lg P)}{(t+7)^{0.831}}$	26
吉林	海龙	$i=\dfrac{16.4(1+0.899\lg P)}{(t+10)^{0.867}}$	30
辽宁	沈阳	$q=\dfrac{1984(1+0.77\lg P)}{(t+9)^{0.77}}$	26
辽宁	丹东	$q=\dfrac{1221(1+0.668\lg P)}{(t+7)^{0.605}}$	31
辽宁	大连	$q=\dfrac{1900(1+0.66\lg P)}{(t+8)^{0.8}}$	10
辽宁	锦州	$q=\dfrac{2322(1+0.875\lg P)}{(t+10)^{0.79}}$	28

省、自治区、直辖市	城市名称	暴雨强度公式	资料记录年数/a
山东	潍坊	$q=\dfrac{4091.17(1+0.824\lg P)}{(t+16.7)^{0.87}}$	20
	枣庄	$i=\dfrac{65.512+52.455\lg TE}{(t+22.378)^{1.069}}$	15
江苏	南京	$q=\dfrac{2989.3(1+0.671\lg P)}{(t+13.3)^{0.8}}$	40
	徐州	$q=\dfrac{1510.7(1+0.514\lg P)}{(t+9)^{0.64}}$	23
	扬州	$q=\dfrac{8248.13(1+0.641\lg P)}{(t+40.3)^{0.95}}$	20
	南通	$q=\dfrac{2007.34(1+0.752\lg P)}{(t+17.9)^{0.71}}$	31
安徽	合肥	$q=\dfrac{3600(1+0.76\lg P)}{(t+14)^{0.84}}$	25
	蚌埠	$q=\dfrac{2550(1+0.77\lg P)}{(t+12)^{0.774}}$	24
	安庆	$q=\dfrac{1986.8(1+0.777\lg P)}{(t+8.404)^{0.689}}$	25
	淮南	$q=\dfrac{2034(1+0.71\lg P)}{(t+6.29)^{0.71}}$	26
浙江	杭州	$q=\dfrac{10174(1+0.844\lg P)}{(t+25)^{1.038}}$	24
	宁波	$i=\dfrac{18.105+13.90\lg TE}{(t+13.265)^{0.778}}$	18
江西	南昌	$q=\dfrac{1386(1+0.69\lg P)}{(t+1.4)^{0.64}}$	7
	赣州	$q=\dfrac{3173(1+0.56\lg P)}{(t+10)^{0.79}}$	8
福建	福州	$i=\dfrac{6.162+3.881\lg TE}{(t+1.774)^{0.567}}$	24
	厦门	$q=\dfrac{850(1+0.745\lg P)}{t^{0.514}}$	7
河南	安阳	$q=\dfrac{3680P^{0.4}}{(t+16.7)^{0.858}}$	25
河南	开封	$q=\dfrac{5075(1+0.61\lg P)}{(t+19)^{0.92}}$	16
	新乡	$q=\dfrac{1102(1+0.623\lg P)}{(t+3.20)^{0.60}}$	21
	南阳	$i=\dfrac{3.591+3.970\lg TM}{(t+3.434)^{0.416}}$	28
湖北	汉口	$q=\dfrac{983(1+0.65\lg P)}{(t+4)^{0.56}}$	
	老河口	$q=\dfrac{6400(1+1.059\lg P)}{t+23.36}$	25
	黄石	$q=\dfrac{2417(1+0.79\lg P)}{(t+7)^{0.7655}}$	28
	沙市	$q=\dfrac{684.7(1+0.854\lg P)}{t^{0.526}}$	20
湖南	长沙	$q=\dfrac{3920(1+0.68\lg P)}{(t+17)^{0.86}}$	20
	常德	$i=\dfrac{6.890+6.251\lg TE}{(t+4.367)^{0.602}}$	20
	益阳	$q=\dfrac{914(1+0.882\lg P)}{t^{0.584}}$	11

省、自治区、直辖市	城市名称	暴雨强度公式	资料记录年数/a
广东	广州	$q=\dfrac{2424.17(1+0.533\lg T)}{(t+11.0)^{0.668}}$	31
	佛山	$q=\dfrac{1930(1+0.58\lg P)}{(t+9)^{0.66}}$	16
海南	海口	$q=\dfrac{2338(1+0.4\lg P)}{(t+9)^{0.65}}$	20
广西	南宁	$q=\dfrac{10500(1+0.707\lg P)}{(t+21.1P)^{0.119}}$	21
	桂林	$q=\dfrac{4230(1+0.402\lg P)}{(t+13.5)^{0.841}}$	19
	北海	$q=\dfrac{1625(1+0.437\lg P)}{(t+4)^{0.57}}$	18
	梧州	$q=\dfrac{2670(1+0.466\lg P)}{(t+7)^{0.72}}$	15
陕西	西安	$q=\dfrac{1008.8(1+1.475\lg P)}{(t+14.72)^{0.704}}$	22
	延安	$q=\dfrac{932(1+1.292\lg P)}{(t+8.22)^{0.7}}$	22
	宝鸡	$q=\dfrac{1838.6(1+0.94\lg P)}{(t+12)^{0.932}}$	20
	汉中	$q=\dfrac{434(1+1.04\lg P)}{(t+4)^{0.518}}$	19
宁夏	银川	$q=\dfrac{242(1+0.83\lg P)}{t^{0.477}}$	6
甘肃	兰州	$q=\dfrac{1140(1+0.96\lg P)}{(t+8)^{0.8}}$	27
	平凉	$i=\dfrac{4.452+4.841\lg TE}{(t+2.570)^{0.668}}$	22
青海	西宁	$q=\dfrac{308(1+1.39\lg P)}{t^{0.58}}$	26
新疆	乌鲁木齐	$q=\dfrac{195(1+0.82\lg P)}{(t+7.8)^{0.63}}$	17
重庆		$q=\dfrac{2822(1+0.775\lg P)}{(t+12.8P^{0.076})^{0.77}}$	8
四川	成都	$q=\dfrac{2806(1+0.803\lg P)}{(t+12.8P^{0.231})^{0.768}}$	17
	渡口	$q=\dfrac{2495(1+0.49\lg P)}{(t+10)^{0.84}}$	14
	雅安	$q=\dfrac{1272.8(1+0.63\lg P)}{(t+6.64)^{0.56}}$	30
贵州	贵阳	$i=\dfrac{6.853+4.195\lg TE}{(t+5.168)^{0.601}}$	13
	水城	$i=\dfrac{42.25+62.60\lg P}{t+35}$	19
云南	昆明	$i=\dfrac{8.918+6.183\lg TE}{(t+10.247)^{0.649}}$	16
	下关	$q=\dfrac{1534(1+1.035\lg P)}{(t+9.86)^{0.762}}$	18

注：1. 表中 P、T 代表设计降雨的重现期；TE 代表非年最大值法选样的重现期；TM 代表年最大值法选样的重现期。

2. i 的单位是 mm/min，q 的单位是，L/(s·hm²)。

3. 此附录摘自《给水排水设计手册》第5册表1-73。

附录2 水力计算图

(1) 钢筋混凝土圆管（非满流，$n=0.014$）计算图

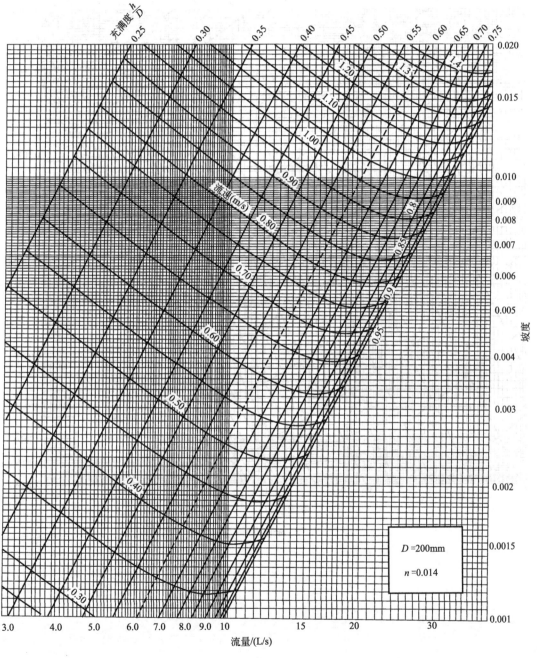

附图1

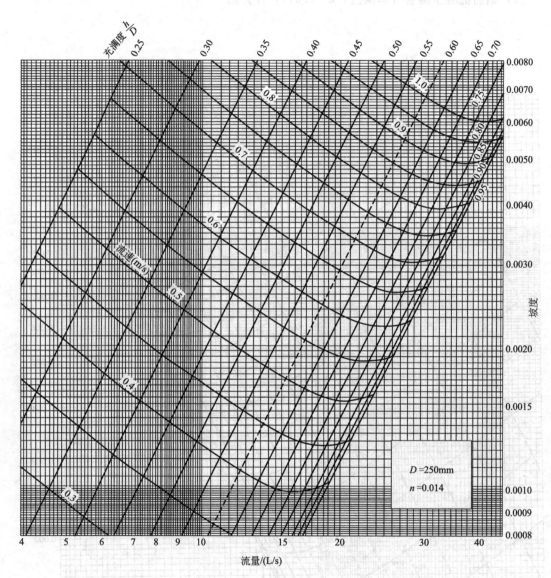

充满度 $\frac{h}{D}$

流速 (m/s)

坡度

流量/(L/s)

D =250mm
n =0.014

附图 2

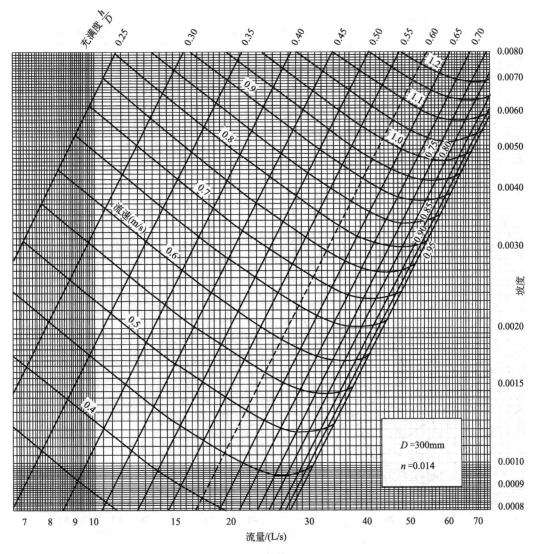

附图 3

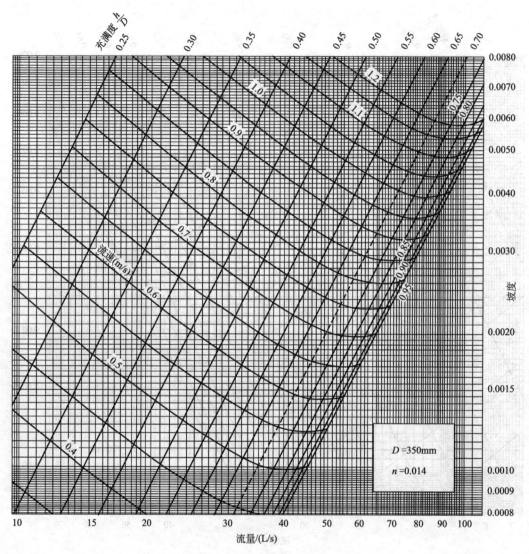

充满度 $\frac{h}{D}$

0.25 0.30 0.35 0.40 0.45 0.50 0.55 0.60 0.65 0.70

1.0 1.2 1.1

0.9

0.8

0.7

流速(m/s)

0.6

0.5

0.4

0.75 0.80

0.85 0.90 0.95

坡度

0.0080
0.0070
0.0060
0.0050
0.0040

0.0030

0.0020

0.0015

0.0010
0.0009
0.0008

$D = 350\text{mm}$
$n = 0.014$

10   15   20   30   40   50 60 70 80 90 100

流量/(L/s)

附图 4

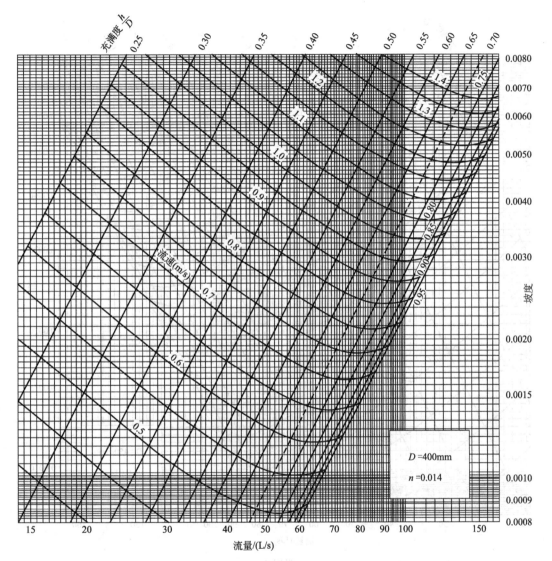

附图 5

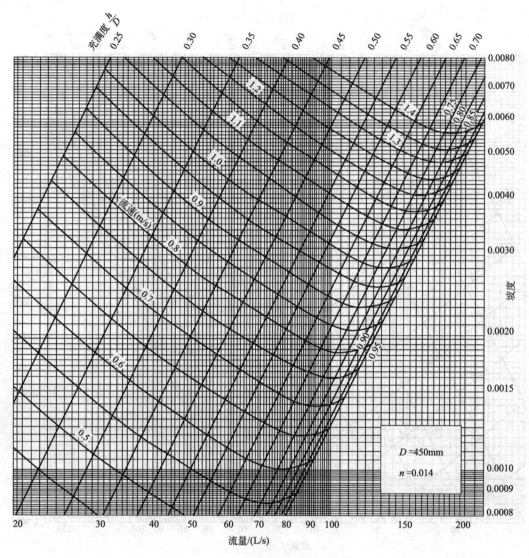

附图 6

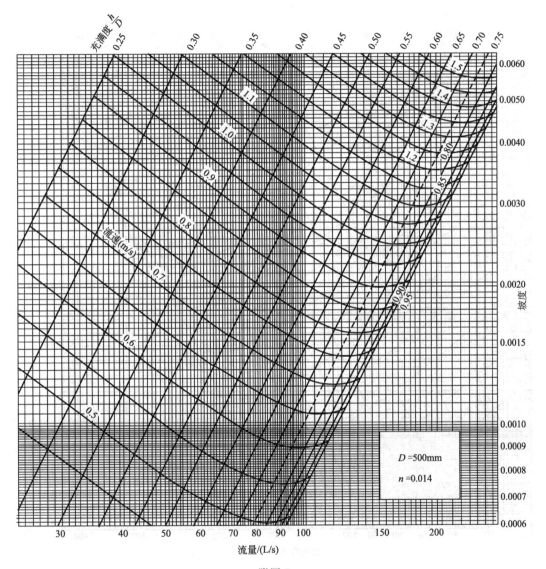

附图 7

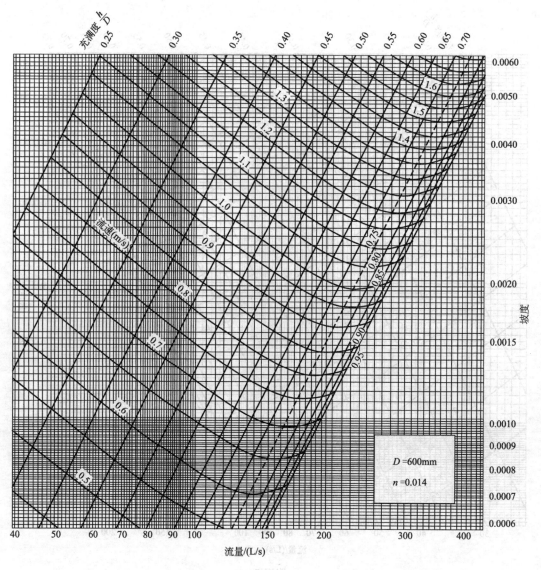

附图 8

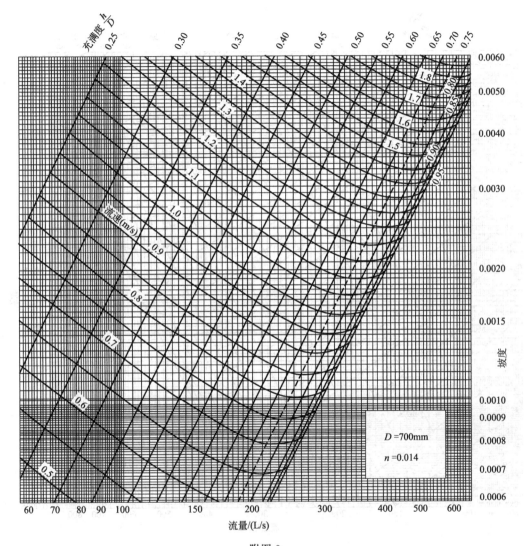

附图 9

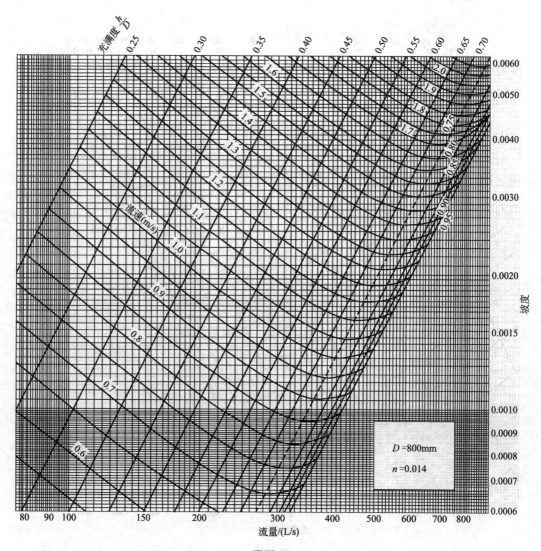

附图 10

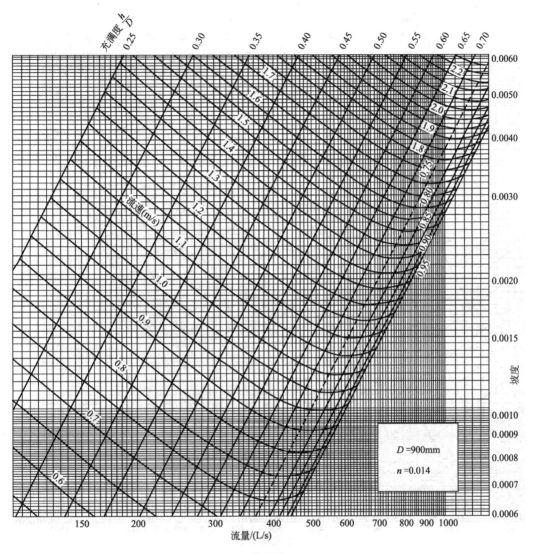

附图 11

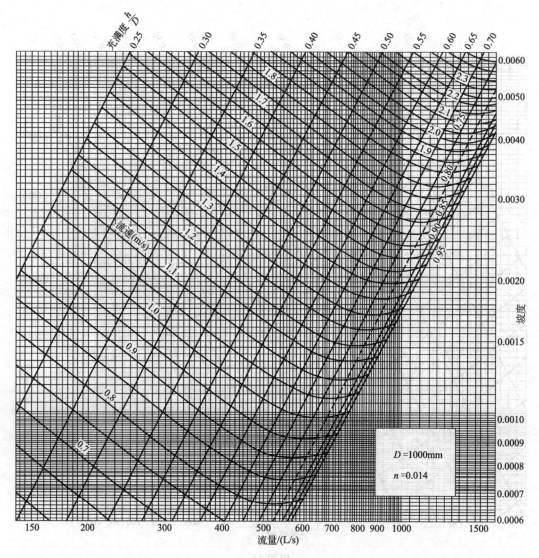

附图 12

（2）钢筋混凝土圆管（满流，$n=0.013$）计算图

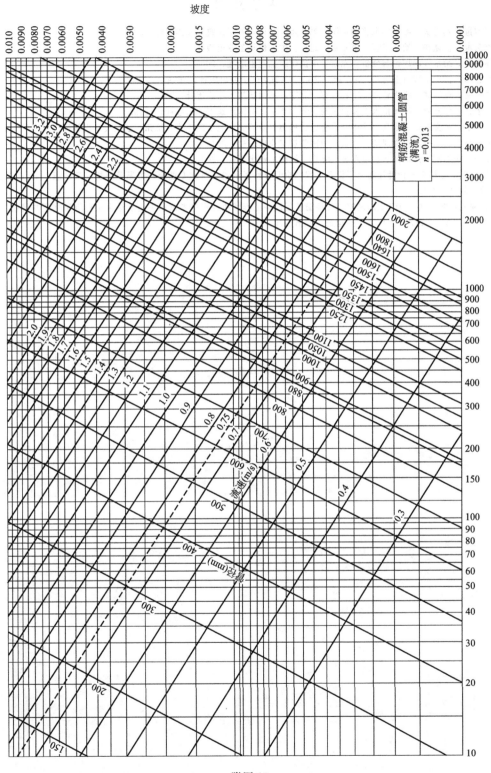

附图 13

参考文献

[1] 严煦世，刘遂庆．给水排水管网系统．第 2 版．北京：中国建筑工业出版社，2008.
[2] 严煦世，范谨初．给水工程．第 4 版．北京：中国建筑工业出版社，1999.
[3] 赵洪宾．给水管网理论与分析．北京：中国建筑工业出版社，2003.
[4] 孙慧修．排水工程（上册）．第 4 版．北京：中国建筑工业出版社，1999.
[5] 周玉文，赵洪宾．排水管网理论和计算．北京：中国建筑工业出版社，2000.
[6] 崔福义，彭永臻．给水排水工程仪表与控制．北京：中国建筑工业出版社，1999.
[7] 颜安平，孙文友，钟永兵．给水排水管道工程施工及验收规范实施手册．杭州：浙江大学出版社，2010.
[8] 熊家晴．给水排水工程规划．北京：中国建筑工业出版社，2010.
[9] 张奎，张志刚．给水排水管道系统．北京：机械工业出版社，2007.
[10] 冯萃敏．全国勘察设计注册公用设备工程师执业资格考试给水排水专业全新习题及解析．第 2 版．北京：化学工业出版社，2012.
[11] 张福先，郑瑞文．2012 全国勘察设计注册公用设备工程师执业资格考试用书给水排水工程历年试题与解析（专业部分 2006～2011）．北京：中国建筑工业出版社，2012.